アンドロイド基本原則

誰が漱石を甦らせる権利をもつのか？

漱石アンドロイド共同研究プロジェクト 編

日刊工業新聞社

はじめに

漱石アンドロイドという存在を耳にしたことはあるでしょうか？　タレントのマツコ・デラックスを再現したマツコロイドはどうでしょう？　タレントの黒柳徹子、落語家の桂米朝、立川談志、俳優の勝新太郎にも、実はアンドロイドが作られています。これらはすべて、ロボティックスの第一人者である大阪大学の石黒浩教授とその研究室が中心となって制作されたものです。ところで、アンドロイドという言葉が正確になにを意味するか、こちらはご存じでしょうか？　ロボットとアンドロイド、ヒューマノイドとアンドロイドのちがいを説明できるでしょうか？　アンドロイドという言葉自体は広く知られている一方で、その正確な知識を持っている人はそれほど多くはない、というのが実情でしょう。

人間そっくりの存在を作りだすアンドロイドの技術は、今はまだ試行的な段階に留まっています。しかし遅かれ早かれ、アンドロイドはわたしたちの生活のなかにもっと身近な存在として入ってくると予想されます。本書は、そうした未来に向けていまから準備しておくために作られました。その背景には、現実の切迫した課題が潜んでいます。

２０１６年から２０１７年にかけて、大阪大学大学院基礎工学研究科の石黒浩研究室と二松学舎大学大学院文学研究科とが共同して、文豪の夏目漱石を再現する漱石アンドロイドを制作しました。本書の編者としてクレジットされている「漱石アンドロイド共同研究プロジェクト」は、両大学の混成チームを中心とする研究プロジェクトです。その構成メンバーは、ロボットの製作、運用に関わる工学系の専門家だけでなく、文学、日本語学、心理学、美学、哲学といった人文系の専門家まで多岐に渡ります。この研究プロジェクトはこれまで、漱石アンドロイドを活用したさまざまな実践、研究を推し進めてきました。その成果の一端は本書にも収められています。しかし個々の研究活動を超えて、研究プロジェクトメンバー全員にある根本的な問いがのしかかりつづけていました。それは、「我々にはそもそも漱石のアンドロイドを制作する権利があったのか」という問いです。これについては、ひとまずはそのような権利があると仮定しましょう。いずれにせよ作ってしまったわけです。それでも、今度はもう一つの問いがのしかかることになります。「我々には漱石アンドロイドに何をさせる権利があるのか」。これは、実際に漱石アンドロイドを運用していく上で避けては通れない問いです。

これらの問いは、漱石アンドロイドだけに関わるものではありません。実在の、とくに社会的に著名な人物をアンドロイドとして複製する際には必ずつきまとうものです。こうした問題意識から、わたしたちは２０１８年８月に「誰が漱石を甦らせる権利をもつのか？——偉人アンドロイド基本原則を考える」と題したシンポジウムを開催しました。このシンポジウムには、大阪大学と二松学舎大学のメンバーに加え、漱石の孫であり漱石アンドロイドに音声を提供している夏目房之介氏、デジタル時代の著作権の第一人者である福井健策弁護士、そしてロボット演劇、アンドロイド演劇を数多く手がけてきた劇作家の平田オリザ氏が参加しました。当日は多彩な登壇者たちがそれぞれの視点から、アンドロイドの制作と運用に関してわたしたちがいかなる権利（と義務）を持ちうるのかを検討していきました。

本書の一つのねらいは、シンポジウムのなかで展開された議論を、アンドロイドをめぐる「基本原則」へと結実させることです。本書を通して、これからの社会がアンドロイドとどのように付き合っていくべきかを構想するための一つの指針を提起したいとわたしたちは考えています。しかし同時に本書は、より一般的で多様な観点からアンドロイドという存在とその可能性について光を当てることも目指しています。漱石アンドロイドを一つの出発点としながら、そもそもアンドロイドとは何か、そこにはどのような可能性があり、どのような問題が潜んでいるのかについて考えていきます。アンドロイドをめぐる工学的な側面と人文学的な側面について、この一冊でおおまかな見取り図を得ることができるように本書は作られています。

本書の構成を簡単に紹介していきます。

第1章「アンドロイドとはなにか」では、アンドロイドの定義についての一般的な解説から始まり、これまでのアンドロイド制作の歴史、またそれにまつわる諸問題について整理していきます。第2章「我々はアンドロイドを作った」では、漱石アンドロイドの計画と制作、そして完成後の活動について紹介していきます。第3章「アンドロイドをめぐるいくつかの論点」では、〈心理〉、〈ことば〉、〈法律〉、〈社会〉、〈ビジネス〉といったさまざまな領域においてアンドロイドが投げかける問いについて掘り下げていきます。第4章「アンドロイド基本原則はどうあるべきか」では、シンポジウムで展開されたそれぞれの提案や議論をベースとしつつ、アンドロイドをめぐる四つの原則を提言します。また、議論を開いたものにしておくために、シンポジウム終了後に公開された夏目房之介氏による「疑義」を合わせて収録します。そして第5章で全体を振り返ります。ちなみにシンポジウムの冒頭では、平田オリザ氏が漱石アンドロイドのために台本を執筆し、演出した演劇作品『手紙』がオープニングアクトとして上演されました。この戯曲の台本を、解説と合わせて特別付録として巻末に収録しています。

本書が、アンドロイドと共に生きる未来へと足を踏み入れていくためのガイドブックとなることをわたしたちは願っています。

編者を代表して　谷島貫太

刊行に寄せて

夏目漱石のアンドロイドの制作を着想し、大阪大学大学院基礎工学研究科の石黒浩教授に最初に相談したのが２０１６年1月です。当初二人で悩んでいたのは、「漱石アンドロイドの制作について誰にどのように許諾を得れば良いのか」ということでした（石黒浩教授も夏目漱石のような歴史上の「偉人」のアンドロイドの制作は初めてということもありました）。夏目漱石のお孫さんである夏目房之介氏と半藤末利子氏を訪ね、制作についての許諾を頂くことができましたが、それでこの問題の答えが出ている訳ではありません。本書の出発点となったシンポジウムで掲げた「誰が漱石を甦らせる権利を持つのか」というテーマは、極めてリアルな「問い」であり「漱石アンドロイドに何をしてもらうべきなのか」という次の「問い」に繋がるものです。

先に触れたシンポジウムでは、平田オリザ先生が作・演出を手がけた漱石アンドロイド演劇「手紙」の初演に始まり、平田オリザ先生、石黒浩教授、夏目房之介氏、著作権の専門家である福井健策弁護士、本学の山口直孝教授、島田泰子教授、谷島貫太専任講師らによる講演と白熱した議論が積み重ねられました。交わされた議論は、漱石アンドロイドの運用といった問題に留まらず、今後の人間とアンドロイドの関係性を考えるうえで、重要なベースを形作るものになったと考えています。漱石アンドロイドという「実体」が、漱石像や人間とアンドロイドの関係を議論するうえでの「焦点・触媒」として働き、本書を一つの発射台としてさまざまな分野に議論が展開していくことを心から期待しています。

西畑一哉

アンドロイド基本原則　目次

はじめに　1
刊行に寄せて　5

第1章　アンドロイドとは何か

1　アンドロイドとは何か　12
2　アンドロイド制作において考慮すべき問題　23
3　アンドロイドの基本原則の必要性　34

第2章 我々はアンドロイドを作った

1 漱石アンドロイド計画
――発案から本体完成まで 山口 直孝 40
2 漱石アンドロイドの制作 石黒 浩 55
3 動きはじめる漱石 瀧田 浩 61

第3章 アンドロイドをめぐるいくつかの論点

1 漱石と出会う体験の創出①
アンドロイド×心理 高橋 英之 74
2 漱石と出会う体験の創出②
アンドロイド×心理 改田 明子 84
3 再生ロボットに権利はあるのか？ それは誰が行使するのか？
アンドロイド×法 福井 健策 94

4　アンドロイドによる進化
アンドロイド×社会　石黒　浩　104
5　アンドロイドの発話行為、どこまでホンモノに近づけるか
アンドロイド×ことば　島田　泰子　117
6　アンドロイドとのコミュニケーションと体験の価値
アンドロイド×ビジネス　小山　虎・小川　浩平　135

第4章　アンドロイド基本原則はどうあるべきか

偉人アンドロイド基本原則①　アンドロイド制作の自由原則　154
偉人アンドロイド基本原則②　アンドロイド運用の自由原則　156
偉人アンドロイド基本原則③　アンドロイドの尊厳原則　159
偉人アンドロイド基本原則④　アンドロイドの無権利原則　161
■基本原則案のまとめ　163

ガイドラインを越えて 164
「漱石の偶像化」への疑義　夏目　房之介 166

第5章　人がアンドロイドとして甦る未来

特別付録
漱石アンドロイド演劇台本・二松学舎大学版
手紙　平田オリザ 183
漱石アンドロイド演劇『手紙』解説　瀧田　浩 194

第1章

アンドロイドとは何か

石黒　浩

1 アンドロイドとは何か

アンドロイドとヒューマノイド

アンドロイドとは人間酷似型ロボットという意味です。似た言葉にヒューマノイドという言葉があります。ヒューマノイドとは人間型ロボットという意味であり、人間が無理なく擬人化、すなわち人間の姿形を連想できる体を持っているものを、ヒューマノイドと呼びます。目や手や腕があるようなロボットは、その見かけが機械的なものであっても、ヒューマノイドと呼ばれます。例えば、ＳＦ映画の中のロボットで言えば、『スターウォーズ』の金色の体を持つ人間型ロボットＣ－３ＰＯが有名です。一方で、同じ映画に登場する円筒形の体を持つＲ２－Ｄ２はヒューマノイドとは呼ばれません。単なるロボットです。現実のヒューマノイドの例としては、ホンダのアシモが挙げられます。

一方、アンドロイドはその見かけが生身の人間のように見えるヒューマノイドに対する呼び名です。ヒューマノイドを人間型ロボットと呼ぶなら、アンドロイドは人間酷似型ロボットと呼ぶべきものです。ちなみに、アンドロイドはギリシャ語で人間もどきという意味です。ただ、これは男性名詞ですので、女性のアンドロイドは、アンドロイドではなく、ガイノイドと呼ぶこともあります。

アンドロイドはＳＦ映画の中にも数多く登場しますが、その中でも有名なのが映画『ブレードランナー』に登場するレイチェルと呼ばれるアンドロイドです（映画の中ではアンドロイドのことをレプリカントと呼んでいます）。現実のアンドロイドの例としては、大阪大学と国際電気通信基礎技術研究所（ＡＴＲ）が研究開発に取り組んできたジェミノイドがあります。ジェミノイドは開発者の石黒浩（大阪大学教授、ＡＴＲ石黒浩特別研究所客員所長）に姿を似せた遠隔操作型アンドロイドです。その初号機であるジェミノイドＨＩ－１はＡＴＲで開発されました。その後何度か改良を重ね、現在の最新バージョンはＨＩ－５となっています。**図1**に、ＨＩ－４とモデルとなった石黒を示します。

アンドロイドとヒューマノイドの違い

ジェミノイドに代表されるアンドロイドは、人間に酷似した姿形や動きを再現するために、ホンダのアシモなどのようなヒューマノイドと呼ばれるロボットとは、構造がかなり異なり、また用いるアクチュエータ（人間の筋肉に相当するもの）も、モーターではなく、空気アクチュエータ（空気圧で動くシリンダー）が使われます。

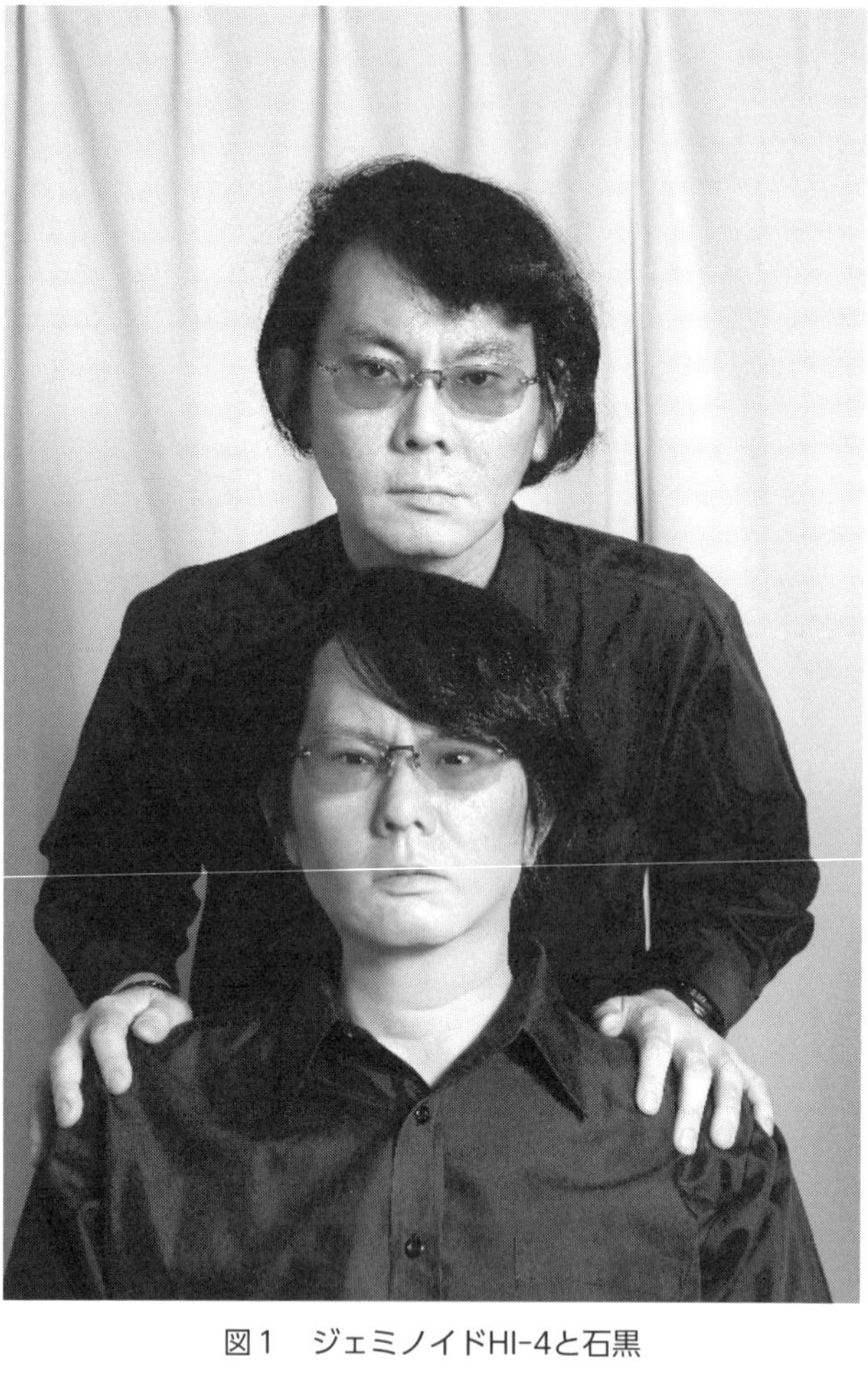

図1　ジェミノイドHI-4と石黒

まず、ジェミノイドの体の構造は、他のヒューマノイドとは異なり、人間の体の構造に合わせて設計されています（詳しくは、『アンドロイドを造る』石黒浩著、オーム社を参照）。そのために、モーターよりも人間の筋肉の動きに近い、空気アクチュエータが使われます。また空気アクチュエータは、人間の体の構造を再現するだけでなく、外から加えられた力に対して人間のように自然に反応することができ、人間らしい体の動きを再現するのに適しています。さらには、耐久性も高いです。ヒューマノイドやアンドロイドへの応用では、通常の電気で動作するモーターよりも長持ちします。

そして、アンドロイドとヒューマノイドが最も異なるのは、その皮膚です。一般にヒューマノイドの表面は堅い金属やプラスチックで覆われています。一方、ジェミノイドに代表されるアンドロイドの表面は、人間の皮膚を模倣するために、柔らかいシリコンで覆われています。このシリコンによる皮膚の再現はその制作において熟練した技術が必要となります。

これまでに開発されたアンドロイド

アンドロイド開発は、石黒等を中心に２０００年頃から始まり、今日までさまざまなアンドロイドが開発されてきました。

初期の完成度の高いアンドロイドが、図2に示す大阪大学で開発されたアンドロイドRepliee Q1です。このアンドロイドの顔は、日本顔学会が公開している平均顔を参考にして造られました。すなわち実在しない架空の人物です。

その後、石黒のアンドロイドであるジェミノイドが石黒をモデルに造られました。

そして再び、近年になって架空の人物のアンドロイドである、アンドロイドU（図3参照）やＥＲＩＣＡ（図4参照）が作られました。実在の人間をモデルにしたアンドロイドと架空の人物のアンドロイドの大きな違いは、顔の対称性にあります。実在の人間の顔は、その左右が完全に同じではありません。なにがしかの違いがあります。一方、架空の人物のアンドロイドの顔は左右対称に作られており、その分特徴が少なく、いわゆる端整な顔立ちになっています。

大阪大学やＡＴＲ等の研究機関において、研究目的で開発されてきたこれらのアンドロイド以外にも、多くのアンドロイドが開発されてきました。それらのアンドロイドの多くは著名人のアンドロイドです。

２０１２年に作られたのが、故桂米朝師匠のアンドロイド（図5参照）です。落語界で二人目の人間国宝に認定された桂米朝師匠の米寿の記念行事の一環として、米朝アンドロイドは作られました。このアンドロイドの特徴は、落語ができることです。座った姿勢の

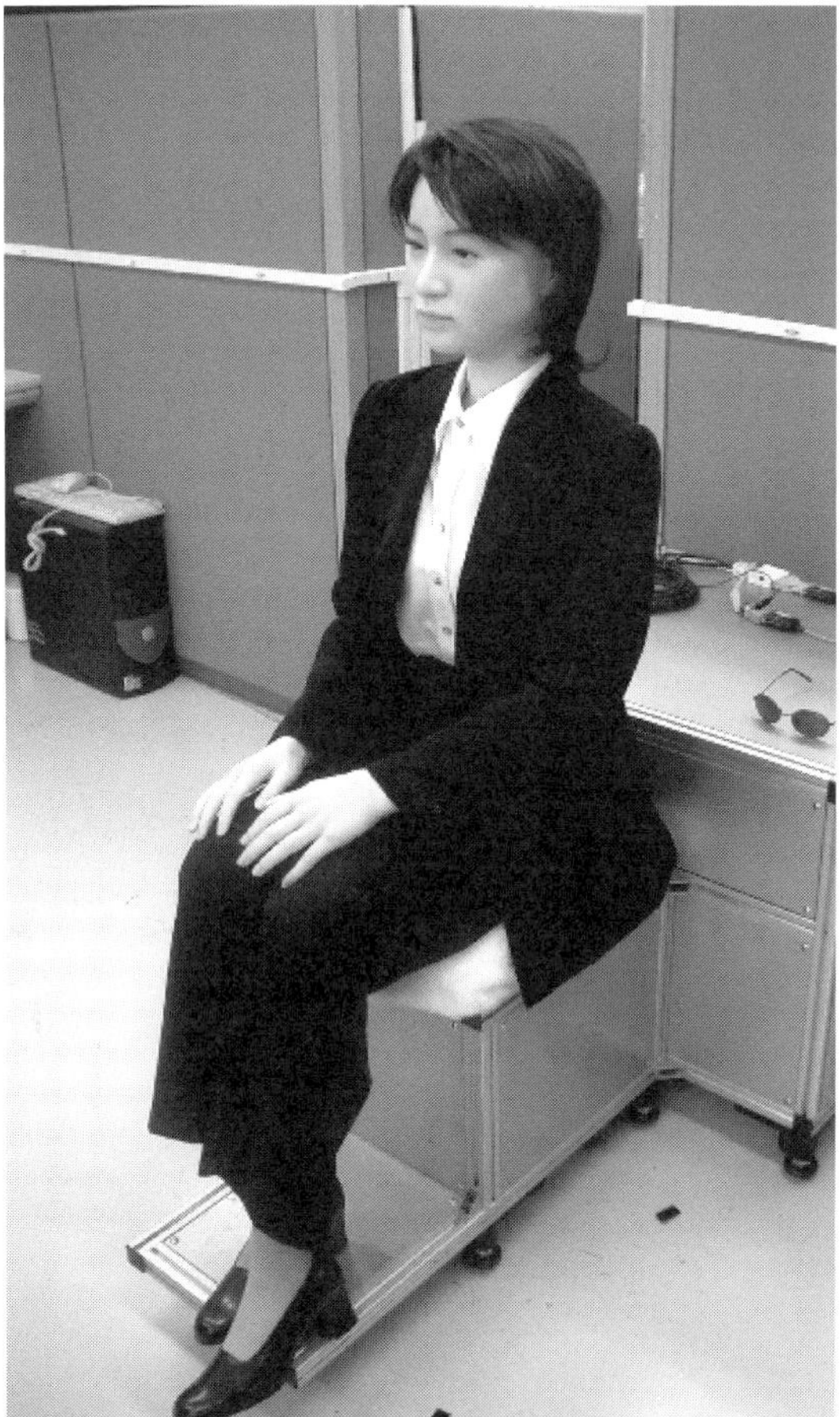

図2　アンドロイドRepliee Q1（写真提供：大阪大学）

図3　アンドロイドU（写真提供　大阪大学）

図4　ERICA（写真提供　ATR　撮影：境くりま）

アンドロイドですが、腰を浮かしてダイナミックに話をする動作が再現できるように作られており、桂米朝師匠の名人芸を迫力そのままに再現することができました。無論、米朝アンドロイドの落語を聞く観客は、その話を十分に楽しみ笑うことができました。

米朝アンドロイドに続いて、2015年に開発された著名人のアンドロイドがマツコロイドです。テレビの人気パーソナリティであるマツコ・デラックスさんをモデルに作られました（**図6参照**）。

このマツコロイドはマツコ・デラックスさんと開発に関わった石黒とともに、半年間「マツコとマッコ」というテレビ番組に出演しました。このテレビ番組は24回放送され、毎回アンドロイドを用いた新しい実験を行いました。例えば、アンドロイドと3日間一緒に生活すると、アンドロイドとその人間の関係はどのように変化するのかというような実験であったり、アンドロイドを遠隔操作しながら、アンドロイドでお悩み相談をすると人は心を開きやすくなるのかという実験であったり、アンドロイドを使ったさまざまな興味深い実験が行われました。

マツコ・デラックスさんに続いて2017年にアンドロイドになったのが、黒柳徹子さんです。黒柳徹子さんは43年もの間、徹子の部屋という番組を続けています。すなわち、43年間に及ぶ対話データが存在するのです。この対話データがあれば、黒柳徹子さんのア

図5　米朝アンドロイド（写真提供　米朝事務所）

図6　マツコロイド（写真提供　©マツコロイド製作委員会）

ンドロイドが黒柳徹子さんのように話をすることができる可能性があります。その可能性に挑戦するために、黒柳徹子さんのアンドロイドは開発されました（図7参照）。開発されたアンドロイドには、黒柳徹子さんの幼少の頃のニックネームであるｔｏｔｔｏ（トット）という名前がつけられています。

そして、黒柳徹子さんのアンドロイドよりも1年早く作られたのが、夏目漱石のアンドロイドです。このアンドロイドは漱石アンドロイド（図8参照）と呼ばれます。漱石アンドロイドについては、後の章で詳しく述べます。

2 アンドロイド制作において考慮すべき問題

アンドロイドのモデルの選定

アンドロイド制作では、単にその人のコピーを作ればいいということではなく、完全なコピーを作れないが故に、慎重に検討しないといけない問題がさまざまに存在します。

まずは、アンドロイドのモデルをどのように選ぶかということです。例えアンドロイド

図7　totto（黒柳徹子のアンドロイド、写真提供　©totto製作委員会）

図8　夏目漱石のアンドロイド（写真提供　二松学舎大学）

の開発目的が研究であっても、アンドロイドのモデルは注意深く選択する必要があります。それは、例えその人の不完全なコピーであるアンドロイドであっても、一旦アンドロイドを制作すれば、そのアンドロイドはアンドロイドのモデル本人の意図とは無関係に扱われ、その結果、アンドロイドのモデルが不愉快な思いをしたり、アンドロイドの制作に疑問を持つようになる可能性があるためです。

なぜ、その人をアンドロイドのモデルに選んだのか、可能な限り多くの理由を考え、その人でなければならないことを説明できるようにしておくべきです。そうすることで、例えそのアンドロイドが、想定外の扱い方をされ、モデル本人が不愉快な思いをすることがあっても、一定の理解を得ることができます。

これまでに石黒が関わったアンドロイドの開発から、一つ例を取り上げてみましょう。特定の人間をモデルにしなかったRepliee Q1に続いて制作したのが、ＮＨＫのアナウンサーの藤井綾子さんのアンドロイド、Repliee Q1expoです。このアンドロイドの開発目的は、愛知万博での展示でした。そのため、日本においても知名度が高い人をモデルにすることが望まれました。またこのRepliee Q1expoが実在する人間をモデルにした初めての完成度の高いアンドロイドでした（厳密には石黒が最初に開発したアンドロイドは実在の人間をモデルにした、子供アンドロイドであるが、そのアンドロイドには人間らしく動作する機能が実装されていない）。それ故に、アンドロイドになって多くの人に見られても問題の無い人がふさわしかったのです。特にこの後者の理由において、有名なアナウンサーの藤井綾子さんは適任でした。常に多くの人から見られており、写真や映像がたくさん世の中に出回っています。このような人であれば、そのアンドロイドが多くの人に見られても、そのことで精神的問題が発生する可能性は極めて少ないと考えられました。そして無論のこと、藤井綾子さん本人が快くアンドロイドになることに承諾してくれたことが、藤井綾子さんを選んだ最終的な理由でした。

生存している人をアンドロイドのモデルにする場合は、本人の同意を取るのですが、すでに亡くなっている人であれば、その親族や関係者に同意を求めなければなりません。その場合も、単にアンドロイドを制作することの許可をもらうのではなく、アンドロイドとしてその人が甦り、再び多くの人に見られていくことを、親族や関係者が受け入れてくれることを慎重に確認する必要があります。

アンドロイドになる人の年齢

次にアンドロイド制作において常に議論となるのは、アンドロイドになる人が何歳の時のアンドロイドを作るかという問題です。これはアンドロイドになる人が生きている場合も、すでに亡くなっている場合も常に興味深い議論の話題となります。

アンドロイドは歳を取りません。アンドロイドの制作においては、アンドロイドになる人のある年齢におけるコピーを作るわけで、そのアンドロイドは永遠にその歳の姿形で存在し続けます。

通常は、その人が社会的に最も認知されていた年齢、最もその人らしいと多くの人が考える年齢を選ぶことになります。無論、マツコ・デラックスさんのように、現在最も活躍されている人の場合は、今の年齢を躊躇無く選ぶことになります。

桂米朝師匠のアンドロイド制作における議論を紹介しましょう。桂米朝師匠のアンドロイドは米朝師匠の米寿の記念イベントの際に制作されたのですが、その時すでに師匠は落語をするのが難しくなっていました。しかし、我々の目的は落語を演じる桂米朝師匠のアンドロイドを作ることにあったので、どの年齢まで遡るかという議論になりました。若いときの方が師匠らしいとか、ある程度歳を重ねた時の方がその落語に円熟味が増してきたとか。結局、テレビでの出演も多く世間に広く認知されていた頃の年齢、落語に円熟味が増した年齢でアンドロイドを制作することになりました。

人間はその人生において、おそらくそのアイデンティティーがピークに達する時期があるのだと思われます。これまでに制作に関わった大抵の著名人のアンドロイドは、そうした年齢において制作してきました。

アンドロイドの表情

年齢の次に決めないといけないのが、標準的な表情です。アンドロイドの皮膚は柔らかいシリコンでできており、笑い顔やしかめっ面など、ある程度の表情を再現することができます。しかしながら、人間と比べれば、その表情再現機能は限られています。例えば、人間のように口を大きく開けて笑うことはできません。そのために重要となるのが通常の表情を決めることです。通常の表情から変化をつけることで、表情は再現されるのですが、人間の皮膚に比べて、シリコンの皮膚は変化できる範囲が狭いために、最初から通常の表情をその人らしい表情にしておく必要があります。例えば、いつもよく笑う人であれば、若干の笑顔を通常の表情とするのがよいです。

ここでも、年齢と同様に議論が必要となります。その人はいつも笑っているのか、それとも怒っているのか。特に男性の場合、社会的な場面で見せる表情と、家庭で見せる表情が大きく異なる場合があります。そうした場合にはどちらの表情にするか決めなければなりません。

アンドロイドの動き

年齢や表情のような見かけの問題に加えて、重要となるのが動きです。体のさまざまな箇所が自由に動くアンドロイドは制作に多くの費用が必要となるため、制作費に制限がある場合には、そのアンドロイドにとって、必要な最低限の動作を見極めて、アンドロイドの可動部を決定しなければなりません。

空気アクチュエータだけで構成されるアンドロイドは、人間のように歩くことはできません。それ故、アンドロイドは常に着座姿勢で、腰から上が稼働します。そうした制限された空気アクチュエータで構成されるアンドロイドでも、腰から上を人間らしく稼働させるには40本から60本の空気アクチュエータが必要となり、制作費用はかなり高額になります。

故に、アンドロイドの可動部を必要最小限の数にすることは、その制作において重要な問題となります。

対話を中心としたアンドロイドでは、腕の動きを省略して、主に首から上だけを動くようにすることが多いです。ただその場合も、呼吸に伴う胸の動きが基本的な人間らしさの再現には必要であり、その胸の動きを再現するためだけのアクチュエータを取り付けることもあります。

呼吸に伴う胸の動きは些細なもので無視してもいいと考える人も多いでしょう。しかしながら、人間はそうした呼吸に伴う動きに非常に敏感で、そのような動きが無いと強い違和感を感じます。その人が生きているかどうか、瞬時に判断できるように、そうした能力が備わっているのではないかと思います。

アンドロイドの声

アンドロイドの声も見かけと同様に重要です。アンドロイドのモデルが現在も活躍されている人であれば、その人の声を使います。ただし、アンドロイドにしゃべらせたいことを全て録音するのではなくて、Text To Speech（TTS、テキストトゥスピーチ）というプログラムを用います。このプログラムは、テキストが入力されると、あらかじめ取り込んでおいたその人の音素モデルを合成して、そのテキストをその人の声で読み上げてくれます。

このTTSの技術はどんどん改良され、現在では、合成された声かどうか解らないくらいの精度で合成できるようになってきました。例えば、ある人の声のTTSを使って、その人の知人に電話をかけると、多くの場合その人であると思われてしまいます。すなわち

「オレオレ詐欺」が簡単にできてしまうレベルになっています。

ただ、ＴＴＳも完璧ではありません。抑揚のない発話は非常に自然に合成できますが、抑揚があったり感情表現が豊かな発話の合成には限界があります。基になる音素データをたくさん取り込んでおけば、そのデータ量に比例して精度の高い合成ができますが、あらゆる感情的な発話を再現するのは、実質不可能に近いです。

故に、アンドロイドに発話させる場合には、ＴＴＳが自然に声を合成できる発話内容にしておく必要があります。ただし、アンドロイドのモデルがテキストを読み上げ、それをそのまま記録再生する場合はその限りではありません。どんな感情的発話も自然に行うことができます。無論この方法は、ＴＴＳと異なり、常に、アンドロイドのモデルがテキストをあらかじめ読み上げ、記録しておかないといけないため、あらかじめ想定された発話しかできません。

また、すでに亡くなっている人のアンドロイドの場合は、生前に記録された音声データを基にして、ＴＴＳを作るか、親族等で似た声を持っている人の声を使うことになります。

声もその人らしさの重要な要素です。それ故、顔と同様に丁寧に開発する必要があります。

アンドロイドの発話内容

顔や声と同等かそれ以上に重要になるのが、アンドロイドの発話内容です。人間の見かけや声は年齢によっても変化するし、体調によっても変化します。それ故、多少本人と違っていても、概ね似ていれば、本人と認識してもらえます。

一方で、アンドロイドの発話内容はより慎重に選択しなければなりません。とくに著名人のアンドロイドの場合は、その発話内容の検討は重要です

無論、その人が過去に話している内容をそのまま繰り返すのであれば、さほど難しくないですが、まだその人が過去に出会ったことの無い状況に、そのアンドロイドがおかれ、何か話をしないといけないという場合には、その人が普段どのような信念で話をしているか、慎重に推察しながら、アンドロイドの発話内容を決める必要があります。

実際この作業がアンドロイド開発においては最も難しい作業となります。

3 アンドロイドの基本原則の必要性

アンドロイドの人格

このように制作されるアンドロイドは、モデルになった人の人格を持つものとして扱わなければなりません。

実在の人をモデルに作られるアンドロイドはいわば、その人の3次元の写真のようなものです。しかし、そのアンドロイドが動作してしゃべり出せば、それは単なる3次元の写真ではなく、本人の分身として認識される可能性があります。

無論それは、制作されたアンドロイドのリアリティの質に依存します。非常に質の高い、本人そっくりのアンドロイドを作ることができれば、それはもはや本人と区別がつかず、その体から発せられる言葉は、その本人のもののように感じられ、本人の人格を持つようにさえ思えるでしょう。

例え、アンドロイドのリアリティの質が多少劣っていても、十分にその人と認識されるものであれば、やはりそのアンドロイドは本人の人格を表していると感じられるはずです。

そうなると、アンドロイドの制作と運用には、写真や蝋人形を超えた規則が必要となります。本書では、このアンドロイドの制作と運用に関する基本原則について議論します。

アンドロイド運用における倫理的問題

特定の偉人のアンドロイドを制作したなら、そのアンドロイドにさまざまなことをしゃべらせたり、質問に答えさせたりして、アンドロイドを運用していくことになります。そこで重要なのは、アンドロイドは何をしゃべって良くて、何をしゃべってはいけないのかを慎重に検討することです。

社会のさまざまな人や親族に大きな影響を与えてきたであろう偉人のアンドロイドですので、そのアンドロイドの影響を受ける人は多いです。アンドロイドが話をする相手によって、その話の内容を慎重に決める必要があります。

仮に、その偉人を尊敬している人がいたとして、その人の前でアンドロイドがとても尊敬できない発言をしたとき、それまでその偉人を尊敬していた人は、その偉人を尊敬しなくなるかもしれません。姿形が本人にそっくりのアンドロイドは、その本人の存在感も再現することができ、たとえそれがアンドロイドだと解っていても、アンドロイドを相手にする人に少なからずの影響を与えます。

そして、その影響を受けるのが、アンドロイドになった偉人の親族となると、さらに深刻な問題となる可能性があります。その親族はアンドロイドを運用する者によって、その偉人の権威を傷つけられたと感じるかもしれません。

アンドロイド運用における法律的問題

特定の偉人や、特定の人物に酷似したアンドロイドの運用を間違えると、倫理的な問題にとどまらず法律的な問題に発展する可能性があります。

例えば、先ほども述べたようにアンドロイドに用いる声は、現在の技術において、すでに非常にリアリティが高いです。無論、偉人のアンドロイドの場合は、本人が亡くなっているわけですから、冷静に考えれば、その声は本人であるはずがないのですけれど、まだ亡くなっていない人の場合は、その声を悪用することも可能です。

声に比べると、アンドロイドの見かけや動きは、完成度は低いです。しかし、少し遠目に見れば、本人かどうか判別することは難しいです。

犯罪を目的としてアンドロイドやその声を使わなくても、状況によっては、人に誤解を与え、意図せずそれが法律的問題に発展する可能性は十分にあります。

ロボット三原則とアンドロイド基本原則

モデルとなる偉人やモデルとなる人間のそっくりの姿で、声もほぼ同じくし、動きも再現するアンドロイドは、その利用規範を定める必要があります。

ロボットの利用規範といえば、ロボット三原則を思い出します。

ロボット三原則とは、次のようなものです。

第一条　ロボットは人間に危害を加えてはならない。また、その危険を看過（見過ごす）することによって、人間に危害を及ぼしてはならない。

第二条　ロボットは人間にあたえられた命令に服従しなければならない。ただし、あたえられた命令が、第一条に反する場合は、この限りでない。

第三条　ロボットは、第一条および第二条に反するおそれのないかぎり、自己をまもらなければならない。

このロボット三原則は、人間のようなロボットに対して提唱された原則のように思われていますが、あらゆるタイプのロボット、すなわち今我々が使っている家電製品にも当てはめることができる、原則です。

アンドロイド基本原則は、このロボット三原則に加えて、「人間を傷つける」ということの意味を深く考えた上で制定する必要があります。人間を傷つけるとはどういうことなのか、社会的な意味、個人的な意味、いろいろな視点で考えてみる必要があります。

第2章

我々は アンドロイドを作った

1

漱石アンドロイド計画——発案から本体完成まで

山口　直孝

「あの人以上の候補者はいません」——きっかけとなった大胆な発言

夏目漱石を現代に甦らせるという、常識外れの計画は、一人の人間の提案から始まりました。

二松学舎大学は、大審院判事も務めた漢学者三島中洲（1830〜1919）が私宅に作った漢学塾を出発点としています。1877年10月10日の開設以来、中洲を慕って、中江兆民・嘉納治五郎・犬養毅ら志を持った多数の若者が入塾しました。夏目漱石も二松学舎に通った一人で、1881年から約1年間学んでいます。

2017年は、二松学舎にとって創立140周年の節目の年でした。種々の事業が企画される中で、記念式典の講演を誰にお願いするかが会議で話題になりました。その際に、「あの人以上の候補者はいません」と漱石の名を挙げたのは、財務担当常任理事の西畑一哉でした。

日本銀行出身の西畑は、漱石の愛読者で、朗読会などの催しにも熱心に通っていました。さまざまな声で作品が語られるのを聞くうち、本人の朗読が聴きたいという思いを強くしていきました。大阪大学の同窓という縁で石黒浩教授と知り合った西畑は、ある時、漱石のアンドロイドを作ることは可能かと尋ね、できるという返答を受けます。ロボット工学の第一人者の協力を取りつけ、手ごたえを感じた西畑は、会議で大胆な発言をすることになります。最初はとまどった参加者も、西畑の熱意に押され、斬新な発想に魅せられたこともあり、みな賛成に廻りました。このようにして、大きなプロジェクトは動き出したのです。

制作に向けた準備——朝日新聞社、夏目房之介氏の協力

まずは、制作体制を整える必要があります。石黒教授に監修をお願いし、本体およびプログラムの開発は、実績のある株式会社エーラボに引き受けてもらいました。二松学舎大学においては、文学・歴史学・日本語学、心理学、メディア論など、専門を異にする教員11名からなる研究チームを発足させました。

漱石を等身大に復活させるには、容姿や背格好についての客観的なデータが欠かせません。1916年12月9日、胃潰瘍の悪化によって49歳で亡くなった際、漱石はデスマスク

を取られています。顔の輪郭を知る上でかけがえのない資料であるデスマスクを、朝日新聞社の協力で計量することができました。朝日新聞社からは、漱石の写真帖の借覧など、ほかにも多くの協力を受けています。

アンドロイドは、発話機能を備えています。甦った漱石にどのような声で語らせるかは、懸案の一つでした。漱石の肉声は、まったく残っていません。人工的に一から作るのは難しいと判断し、マンガ評論家で学習院大学大学院教授の夏目房之介氏に声の提供を依頼しました。房之介氏は、漱石の孫にあたります。父の純一氏は、漱石と声がそっくりだったと言われています。電話で応対した房之介氏は、純一氏とよく間違えられたとのことなので、房之介氏の声が漱石の声と似通っている可能性は高そうです。二人の身長や体型がほぼ同じであることも、声質が変わらないことを類推させます。突然の打診にもかかわらず、房之介氏は、漱石の声優役を快く引き受けてくれました。房之介氏は、マツコ・デラックスを模したアンドロイド、マツコロイドのファンであり、アンドロイドには以前から興味があったそうです。房之介氏が祖父の漱石と同様の旺盛な好奇心の持ち主であったことも手伝い、プロジェクトは強い後押しを得ることとなりました。

準備が整い、２０１６年６月７日に作成発表の記者会見を開きました。会見では、漱石アンドロイドを教育・研究目的で利用するために開発すること、大阪大学大学院基礎工学研究科と二松学舎大学大学院文学研究科との共同研究を推進することなどを説明しました。石黒浩教授は、今回のプロジェクトの意義について、例えば夏目漱石が確固とした存在として出現することで、研究者が各自の作家像に基づいて進めてきた文芸研究の質が変わる可能性を指摘しました。房之介氏は、従来の漱石像がどう変わるかに関心があると語り、漱石が一枚も笑顔の写真を残さなかったがゆえに、「ぜひ笑ってもらいたい」という要望を述べました。ＮＨＫが19時のニュースで伝えたり、『朝日新聞』が一面で取り上げたりするなど、制作発表の反響は大きく、漱石に対する関心の強さを改めて感じさせられました。

三次元における復元——身長、顔立ち、衣裳

漱石アンドロイドの制作に与えられた期間は、６か月です。実在の人物とそっくりなアンドロイドの例はあるものの、歴史的な偉人を対象とするのは、日本では初めてでした。百年前にこの世を去った人物が相手であることは、かなりの制約となります。漱石に会ったことのある人は、すべて故人になっています。写真はそれなりの数が確認できるものの、動画は見つかっていません。カメラが高価であった時代の人である漱石を再現するには、想像力による補いが欠かせず、そこがやっかいであり、また面白いところでした。

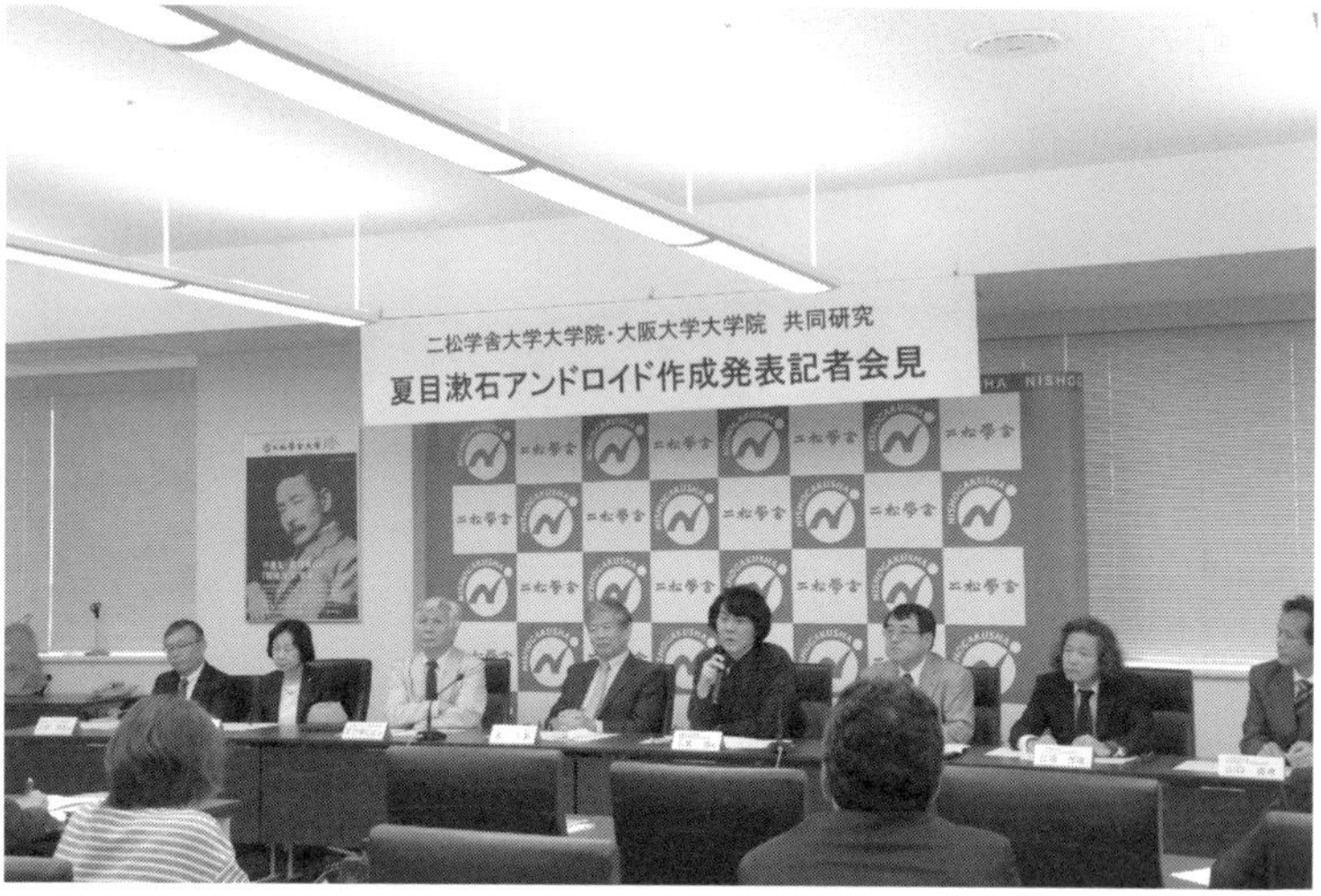

漱石アンドロイド作成発表記者会見（2016年6月7日）

　等身大の漱石を作っていくには、まず、身長などの数値が必要です。漱石の場合、第一高等学校在籍時の身体測定の自筆メモが残されています。身長は１５９センチ、現在から見れば、やや小柄です。さまざまな写真から推定した数値も同じでした。体つきについては、博物館明治村に保存されている漱石のフロックコートを参考にしました。展示には女性用のマネキンが使われており、漱石がきゃしゃであったことがわかります。

　頭部については、前述のデスマスクを３Ｄスキャンしたデータを用いて、精確な復元を心がけました。正面から撮られた写真からは察しにくいのですが、漱石は筋の通った、高い鼻の持ち主です。西

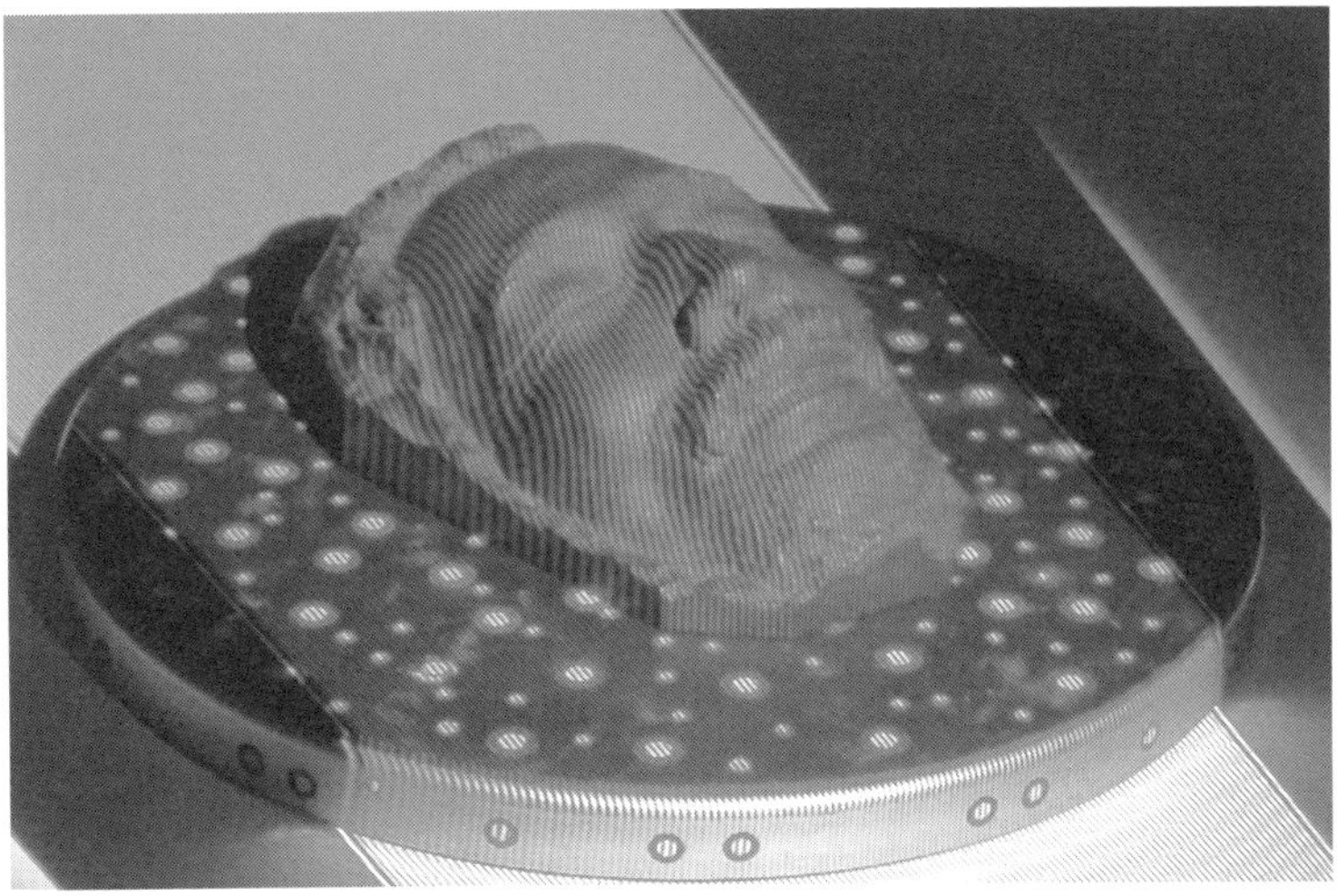

3Dスキャンされる漱石のデスマスク

洋人に近い鼻筋は、今回再発見した漱石の特徴の一つでした。

生身の人間は、年月の経過と共に外見が少しずつ変わっていきます。それに対して、アンドロイドは老いることがありません。いつの時期の漱石の姿を再現するか、選べるのは一つです。漱石は、文学者の中でも、最も顔が知られている一人です。旧千円札の肖像に選ばれたことが大きく、浸透しているイメージに基づくのが適当だろうと判断しました。お札の肖像は、1912年9月に撮られた写真を参考にしています。45歳、連載小説で近代人の利己主義と孤独とを追究し、主題が深まりを見せる頃の漱石が目標となりました。

余談ですが、壮年期の漱石を形作っていく際に留意したことの一つに、白髪がありま す。黒々としていると若すぎ、かと言って、あまり多いと年寄りじみてしまう。落ち着いた雰囲気を作るため、頭髪に白いものを適度に交じらせる配合には、意外に手間取りました。

衣装は、やはり45歳の時の写真を参考にしました。早稲田大学理工学術院石川博教授の研究室は、膨大なデータの集積に基づき、白黒写真をカラー化する技術を開発しています。石川研究室にお願いし、漱石の写真を処理してもらいました。天然色の中から浮かび上がって来たのは、ベージュのツイード生地のジャケットと白のヴェストでした。結果を踏まえて、NHKの時代劇の衣裳などで実績のある東京衣裳に制作を依頼、また、写真を参考にしながら靴を大塚製靴に発注しました。仕上がってきた衣類は、現代人の目から見ても、趣味のいいものでした。漱石がおしゃれな人であることは、アンドロイドを通じて伝えたいことの一つです。

公人か私人か――ふるまいをめぐる模索

人は、時や場所、相手によって、異なる顔を見せます。公私で言動が変わらない人は、いないでしょう。漱石も例外ではありません。家庭人としての漱石は、気むずかしいとこ

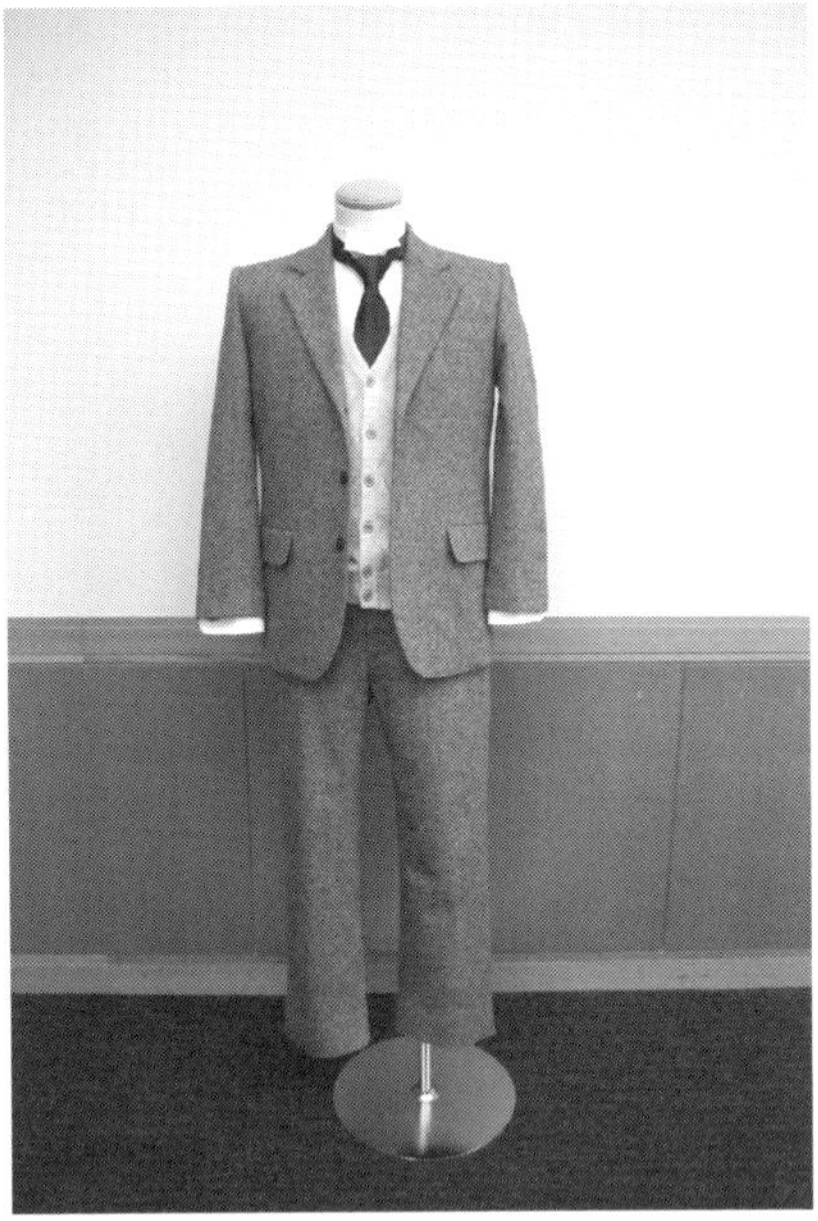

考証を踏まえて制作された衣裳と靴

ろもあり、かんしゃくを起こして妻子にあたることもしばしばありました。真面目にものごとを考えるがゆえに、不機嫌になってしまう。人間らしさを感じさせる側面ですが、アンドロイドがいきなり怒りだしたら、みんなびっくりするでしょう。

アンドロイドにおいては、まず公人としての漱石を提示することに努めました。部屋で創作を行う作家は孤独な職業ですが、第五高等学校や東京帝国大学で教壇に立っていた漱石には、教育者の側面もあります。少し改まった様子で人に対する場面を想定して、ふるまいを考えました。とはいえ、改まりすぎるとよそよそしい印象を与えてしまいます。漱石の魅力は、「人懐かしい気持」（阿部次郎「夏目先生の談話」）と言い表されているように、会った人を安心させる雰囲気にあります。身近に接した多くの人が感じた人柄も備えていなければ、漱石ではありません。冷たすぎることもなく、なれなれしくもない人物像——、漠然とした言い方になってしまいますが、性格というものは目に見えず、主観的にしか規定できません。方針を立てるよりも、かえってしぐさや声を与えていくことを通じて漱石の個性が現われ、はっきりしてきたように思われます。

「漱石らしさ」の追求——文献資料の参照

アンドロイドは、座位型にしました。精巧に作られており、シリコン樹脂で作られた皮膚は血管が浮かび、毛穴まで見えて人間そっくりですが、今の技術ではまだ自由に移動することはできません。安定した動作を確保すること、少人数の相手と向き合った時に親密感が生まれることなどの理由から、漱石を椅子に座らせることにしました。この選択は、当然、動きの制約をもたらします。漱石アンドロイドは、44か所に埋め込まれた空気圧アクチュエータによって操作されますが、身ぶりは上半身に限られます。歩くことのないアンドロイドに漱石らしさを与えるために、しぐさや表情については念入りに検討しなければなりませんでした。

漱石アンドロイドのふるまいについては、多くの文献資料を参照しました。人柄などは、写真だけではつかめません。家族や知人たちの実感的な証言の方が、情報としては役立ちます。さいわい漱石に関しては、相当の記録が残されています。関係者の文章を読み解きながら議論し、アンドロイドに付ける動きを絞っていきました。

詳しく述べられていても、証言は、当事者の主観を反映したものであることはまぬがれません。体重や身長などの測定値とは自ずと違った質の情報となります。主観的な言葉を物理的な動作に置き換えていく作業は、文学研究者には新鮮な体験でした。作家のイメージが曖昧なまま通用していることに気づかされるという、思わぬ収穫がありました。

会う人にくつろぎを与え、遠慮なく話ができるという気分にさせた漱石ですが、表面的には愛想がいい人ではなかったようです。「口をあんまり動かさない無性らしいいい方」（中勘助「漱石先生と私」）や「客がはいって行ってもあまり体を動かさなかった」（和辻哲郎「漱石の人物」）といった発言からは、ぶっきらぼうな姿が想像されます。これらの文献資料に忠実であろうとすると、アンドロイドは、身じろぎしかしないことになります。現実がそうであったとはいえ、アンドロイドの動きが乏しいと、人は不自然さを感じてしまうでしょう。大会場で遠くの参加者にも訴えられるようにしたいという理由もあり、漱石アンドロイドには、伸ばした手を水平に移動させるなど、大きな身ぶりも加えてあります。漱石は、講演の名手でした。「ざわついた会場の空気に応じた、言葉とジェスチュアーとで先ず聴衆の心理を捉えて置いて、徐《おもむ》ろに話をすすめて行った」（長谷川如是閑「初めて聞いた漱石の講演」）ということですから、派手な動きも漱石と無縁ではなさそうです。

音声プログラムの開発——理想的だった房之介氏の声

姿形を整え、身ぶりを与えていく作業と並行して、音声プログラムの開発を進めました。先に記したように、漱石の肉声は残っていません。唯一の音源とされているのは、漱石の東京帝国大学講師時代の教え子、加計正文が１９０５年に当時まだ珍しかった蓄音機を用いて行った談話の録音です。漱石の声を吹き込んだという蠟管は、広島県安芸太田町の加計家に今も大切に保管されています。ただし、摩滅がはなはだしく、１００年前にはすでに再生できなくなっていたそうです。今回のプロジェクトで改めて実物を確認しましたが、音を甦らせるのは現代の技術をもってしても困難なようです。

漱石の声に似ている蓋然性が高い、ということで夏目房之介氏に協力をお願いしたこともすでに触れました。房之介氏の声が漱石に近いかどうかは客観的に判定できません。しかし、房之介氏に依頼したのは、複数の意味で正解でした。ＴＴＳ（Text To Speech）というソフトがあり、テキストデータを自動的に音声化することができます。本ソフトに用いる音素を収録するため、房之介氏には、長時間スタジオにこもっていただきました。脈絡のない文章を読むのはさぞ味気なかったと想像されますが、氏は淡々とこなされました。漱石アンドロイドが悠揚とした語り口を持ちえたのは、氏の下支えのおかげです。

江戸っ子である房之介氏の物言いは、率直で歯切れがよく、かつユーモアを含んで温かさを感じさせます。氏の語り口は、文献に記された漱石のそれを想起させるものでした。人工音声を用いる前は、発話は、房之介氏に吹き込んでもらいました。完成披露記者会見での自己紹介や『夢十夜』朗読は、氏に読み上げてもらったものです。抑制が効いた、深みを感じさせる口調は、文学者漱石にふさわしく、聴く者を静かに魅了するものでした。

スタジオで録音中の夏目房之介氏

あとは、何をどのように語らせるかです。漱石が現代に復活した、という触れ込みですから、史実と異なることは言えません。漱石のことを詳しく知らない人も多いので、最初に自己紹介の文章を考えました。いくつもの年譜や伝記を引き合わせ、精確さを期し、はっきりとしないことへの言及は避けました。言葉づかいは、不特定多数が聞き手であることを考慮して、「です・ます体」にしました。漱石の談話記事は、記者の手によって口調が再現されているものもあり、実際のしゃべり方を知る上で参考になりました。くだけた言い方をしたり、無愛想な応答をしたりする時もあった漱石ですが、いきなり素の姿を見せてもとまどわれるでしょう。事実を尊重しつつ、人々が期待する像にも応えられるように調節するさじ加減はなかなか難しいものでした。大笑いではなく、微笑を基本の表情に選んだのも、漱石らしいのはどちらかを比較考察した結果でした。

朗読作品は、『夢十夜』の「第一夜」にしました。最期を看取った女の再生を百年待ち続ける男を描いた幻想的な掌編を、漱石の声で聴きたい人は少なくないでしょう。何より、百年後に甦るという設定が今回のプロジェクトと同じです。漱石は、自作について述べることに禁欲的でした。読者の自由な解釈を損なわぬよう配慮しながら、参考になる解説を付けました。

多面的な漱石の形成――これからの課題

外と内とから夏目漱石を想像していく仕事の第一段階は、予定通り進めることができ、２０１６年12月８日、漱石アンドロイドの完成披露記者会見を行いました。海外のメディアも含めてかつてない数の取材記者が集まった中で、漱石アンドロイドは「こんにちは夏目漱石です。ほぼ、百年ぶりといったところでしょうか」と切り出し、自己紹介の後、『夢十夜』の朗読を披露しました。また、翌日の朝には、ＮＨＫの「おはよう日本」に生出演し、キャスターと言葉を交わし、笑顔を見せました。反応はおおむね好意的で、上々のす

完成披露記者会見で自己紹介をする漱石アンドロイド（2016年12月8日）

べり出しであったと言えるでしょう。

漱石らしさとは何かを探し求めた半年間。私たちなりにまとめた答をひとまず提出してみました。むろん、それは一つの解釈であり、また、複数の顔を持つ漱石の一部に過ぎません。本体は完成しましたが、漱石アンドロイドの成長はむしろそこからです。史実と人々の期待との二つを見据えながら、あるべき漱石像を思い描き、言葉や表情に翻訳していく。ただし、単純化してしまうことは避けなければいけません。「人間には裏と表がある。私は私をここに現わしていると同時に人間を現わしている。それが人間である。両面を持っていなければ私は人間とはいわれないと思う。」（「模倣と独立」）と漱石が表明しているように、人間は多面的な存在です。時には、考え込んだり、感情を露わにしたりする姿を見せる方が人間らしいと言えるでしょう。目的のために無駄なく動くのが基本のロボットに、あえて矛盾を持ち込むことを試みるのが現在の課題です。それは、「矛盾の性行をかく」（「創作家の態度」）という漱石の営為と似ています。

漱石アンドロイドの操演は、すぐれて創造的であり、かつ、文学的と言えるでしょう。

2 漱石アンドロイドの制作

石黒　浩

アンドロイドにする漱石の年齢

先に紹介したように、漱石アンドロイド以前に、幾つものアンドロイドを制作してきました。そのアンドロイドの制作において、特に偉人アンドロイドの制作において問題となるのが、モデルとする偉人の年齢です。亡くなる直前の偉人は、実のところあまり知られていなかったりします。

偉人には大抵の場合、最も世間に知られている時期があり、その時の顔や姿を多くの人は記憶にとどめています。

では夏目漱石の場合はどうでしょうか。夏目漱石の場合、アンドロイドにする年齢については殆ど議論になりませんでした。漱石自身は、49歳の時に若くして亡くなっており、その4年前の顔が旧千円札に使われていました。その顔が最も有名で、むしろそれ以外の顔は知られていません。故に、アンドロイドのモデルとする顔は、千円札のモデルにもなった年齢の顔にすることはすぐに決まりました。

漱石アンドロイドの造形

年齢が決まると、次に必要となるのが造形の作業です。

生きている人間のアンドロイドを制作する場合は、三次元スキャナーを使った計測と、本人を使った型取りによって造形します。

まず最初に、アンドロイドのモデルとなる人物を、さまざまな方向から写真撮影します。写真は、アンドロイドを最終的に仕上げる時に、必要となります。また、モデルとなる人物に、普段の平常心の顔だけでなく、笑っている顔や怒っている顔など、さまざまな表情を作ってもらい、写真に収めていきます。アンドロイドを完成させる直前には、これらの表情写真をもとに、アンドロイドの表情表出機能を調整します。

そして写真撮影と同時に三次元スキャナを用いて、モデルとなる人物の三次元モデルを作成します。この三次元モデルは、造形の調整に利用します。この調整については後で述べます。

三次元モデルの制作に続けて行うのが、型取りです。生きている人間をモデルにする場合は、人間そのものを型取りします。

髪の毛が絡まないように、水泳帽のようなゴムのキャップを頭にかぶせ、その中に丁寧に髪の毛をしまい込みます。そして、その上から、歯科医が歯形をとるのに用いる材料を頭部全体にかけていきます。ただ、この歯形を取る材料はたれやすいので、同時に、その上からガーゼと石膏を使って、たれないように固めていきます。

実はこの作業、型取りされる人間にとってはかなりつらいものです。鼻の穴を残して、それ以外の部分は、全部歯形を取る材料と石膏で覆われてしまうのです。鼻の穴だけで呼吸をする場合、つばを飲み込むのが怖くなります。つばを飲み込もうとすると、鼻からの気道が一時的に塞がれ、ほんの一瞬ですが呼吸できない状態になります。これが想像以上に怖くて、型取りを経験した人の中にはパニックになる人もいました。

加えて、気持ち悪いのが、冷たかったり熱かったりと、いろんな場所の温度が変化することです。歯形を取る材料は水で溶いて使うために、それが頭にかけられると冷たく感じます。一方で石膏は水に溶かすと熱を発生するので、熱く感じます。型取りは、頭頂部から徐々に行うために、型取りの最中は、目を閉じて真っ暗な状態で、身動きできない中、頭部のいろんな場所が冷たくなったり熱くなったりして、かなり気持ち悪いのです。

型取りをした後は、その型に石膏を流し込んで、モデルの原型を作ります。その原型を基に、雌型を作って、今度は中に粘土を入れ、粘土で原型を複製します。

この粘土で複製された原型に、修正を加えて、最終的にアンドロイドの原型を完成させます。

この修正の作業において、三次元モデルがあると、修正が行いやすいです。型取りの問題は、柔らかい皮膚が押しつぶされることです。それ故型取りだけでは、正確に人の見かけを再現することができません。そのため、三次元モデルや写真を参考にしながら、プロの造型師が、粘土の原型を修正します。

以上が生きている人間をモデルにしてアンドロイドを作る方法です。では本人がすでに亡くなっている夏目漱石の場合はどうしたかというと、幸いにも残っていたデスマスクを利用しました。

先に述べたように、漱石は千円札のモデルになってから、それほど年齢を重ねないうちに亡くなっています。それ故、デスマスクは、少なくとも漱石の顔の骨格としては、正しく再現していると考えられます。

加えて、幸運だったのは、多くの写真が残っていることでした。漱石が働いていた朝日新聞社には、漱石の写真がたくさん残されていました。

デスマスクと多くの写真によって、夏目漱石の姿形をアンドロイドとして、おそらくは非常に正確に再現できたと考えられます。

漱石アンドロイドの声

造形が完成すると、次に必要となるのが、声の生成です。アンドロイドのモデルが生きている場合は、そのモデルの声を使えばいいです。しかし亡くなった人の場合は、録音された声を使うしかありません。

漱石の場合、百年前に亡くなったにも関わらず、実は音声も記録が残っていました。蝋管という蝋で作ったレコードのようなものに記録されていたのです。その蝋管を手に入れるために、二松学舎のスタッフが出かけて行ってくれました。しかし、残念ながら蝋管は劣化が激しくて、蝋管から漱石の声を再現することはできませんでした。

そこで、親族の中で声が似ている人を探すことになったのですが、幸運なことに、長男の長男である、夏目房之介先生（学習院大学教授）の声が漱石本人に似ていることがわかりました。房之介先生は背格好も漱石と似ており、厳密に声が同じでないとしても、漱石の体から発せられる声としては十分にそれらしいものであると思われました。

このような経緯を経て、最も漱石に似ている姿形と声を持つアンドロイドとして、漱石アンドロイドを制作することができました。

漱石アンドロイドの仕草や表情

さて、次に必要となる作業は、漱石の語りや仕草や表情を再現することです。語りについては、数多くの文献が残っているので、それらをもとに、漱石らしい話し方を再現することができます。これらは、漱石アンドロイドのプロジェクトを一緒に進める二松学舎大学の文学の専門家に任せることにしました。

では、仕草や表情はどうでしょうか。映像記録がない漱石の場合、それらを漱石の残した文章や、漱石について書かれた文章から推定する必要があります。

これこそが漱石アンドロイドの研究における意味です。文学研究における研究として、著者の作品からその著者の個性等、著者がどういった人物であったかを考察することがあります。この漱石アンドロイドもそうした研究の成果を反映して、仕草や表情を再現することができると期待されます。

文学研究においてこのような研究は、これまでそれぞれの研究者が、それぞれの観点で独自に研究してきました。そのため、互いに食い違う意見もあったのではないかと想像します。

この研究に漱石アンドロイドを用いれば、統一された人格の再現を目指しながら、さまざまな研究者の意見を整理し、統合できるのではと期待しました。すなわち、漱石アンドロイドは漱石研究の知識を統一的に集積する母体となるのです。

3 動きはじめる漱石

瀧田　浩

本稿では、まず【Ⅰ】で、完成した後から現在に至るまでの漱石アンドロイドに関するできごと・イベント等を、年表形式で簡潔に記述します。

続く【Ⅱ】では、【Ⅰ】で記述したものから、特に重要だったと考えられる、漱石にゆかりのある美術館・「坊っちゃん」の舞台である松山の諸施設・平田オリザ氏が台本を書いた演劇、それぞれにおけるパフォーマンスについて、概要を報告します。

最後の【Ⅲ】では、動きはじめた漱石の足跡をもとに今後の軌跡を展望します。


【Ⅰ】

〔凡例〕

- 漱石アンドロイドが主語となるイベントの場合は、主語を省略する。
- 二松学舎大学は「本学」と省略し、開催場所が二松学舎大学の場合は場所を省略する。

2017年

3月16日、本学卒業式（於・中野サンプラザ）で祝辞を述べる。

3月27日、本学オープンキャンパスで講演する。

4月3日、本学入学式（於・中野サンプラザ）で祝辞を述べる。

4月14〜16日、アサヒビール大山崎山荘美術館で開催された「生誕150年記念　漱石と京都―花咲く大山崎山荘」展のイベントの一環として作品朗読会をおこなう。

6月14日、本学附属柏中学校三年生対象の「都市の教室」で授業実践（2017年度における授業実践は、漱石アンドロイドによる自己紹介→作品朗読→作品解説→受講者によるアンケート回答、という流れ）。

6月24日、本学文学部「基礎ゼミナール」における授業実践。

6月27日、本学文学部国文学科「文学入門」における授業実践。

7月19日、本学附属高等学校生徒全員を対象とした授業実践。

8月11日、本学学生による漱石アンドロイドサークルの初顔合わせ。

8月20日、本学オープンキャンパスで講演。

10月1日、本学オープンキャンパスで講演。

10月10日、本学創立140周年記念式典で祝辞を述べる。

10月13日、本学文学部1年生「基礎ゼミナール」における授業実践。

10月13日、漱石アンドロイドサークルメンバーが大阪大学の小川浩平講師から漱石アンドロイドの基本操作についてレクチャーを受ける。

11月5日、本学学園祭で漱石アンドロイドが語り手として参加する演劇「ロミオとジュリエット」を増田裕美子ゼミナールが上演する。

11月23日〜26日、愛媛県松山市における「おかえりなさい！　夏目漱石先生〜漱石アンドロイドから未来へ〜」の一連のプロジェクトに参加する。

12月21日、本学学生たちを対象に次年度の受容実験を前に予備実験を実施する。

２０１８年
5月8日、本学漱石アンドロイドサークルの顔合わせおよび操作説明会。

6月2日、本学で開催された全国大学国語国文学会におけるシンポジウム「ＡＩ時代に大学、国語学・国文学は何をすべきか、何ができるのか」で作品朗読をおこなう。

8月19日、本学オープンキャンパスで作品朗読をおこない、漱石アンドロイドサークル学生が補足的な内容について発表する。

8月26日、本学でシンポジウム「誰が漱石を甦らせる権利をもつのか？―偉人アンドロイド基本原則を考える」を開催。オープニングアクトとして平田オリザ作の漱石アンドロイド演劇「手紙」上演。

9月14日、本学文学部「日本文学概論Ｂ」における授業実践（２０１８年度における授業実践は、漱石アンドロイドによる自己紹介→作品朗読→教員による作品解説→漱石アンドロイドと教員による対話→受講者によるアンケート回答、という流れ）。

9月19日、本学文学部「日本文学概論Ｂ」における授業実践。

9月23日、本学オープンキャンパスで、作品朗読をおこない、漱石アンドロイドサークル学生が補足的な内容について発表する。

10月13日、朝日新聞社主催、本学共催の「朝日教育会議２０１８フォーラム「グローバル時代を生きるための『国語力』」で作品朗読。

10月20日、ＮＨＫ―ＢＳプレミアムで放送されたテレビ番組「天国からのお客さま」に出演し、いとうせいこう氏と奥泉光氏を相手に「文学論」を講義。

11月３日、本学学園祭で、本学落語研究会との共同企画に参加し、研究会顧問の中川桂教授とともに出演。

12月１日～２日、本学において漱石アンドロイドと会話をして質問に答える、心理実験を開催する。


【Ⅱ】

Ａ、アサヒビール大山崎山荘美術館「生誕１５０年記念　漱石と京都―花咲く大山崎山荘」展における作品朗読会

２０１７年４月14から16日まで、京都府大山崎町にあるアサヒビール大山崎山荘美術館（以下、「大山崎山荘美術館」と記述）に招かれ、漱石アンドロイドが「夢十夜」等の朗読講演をおこないました。漱石アンドロイドにとっては初めての地方「出張」です。

大山崎山荘美術館は、もとは関西の実業家・加賀正太郎氏の別荘として大正・昭和期に建設された英国風山荘です。夏目漱石は１９１５年の４度目となる京都滞在の中で、加賀

氏の招待に応じて建築中のこの山荘を訪れ、山荘の命名を依頼されたというゆかりがあります。

今回は漱石の生誕150年記念として「漱石と京都」のテーマで企画され、漱石から加賀正太郎へ宛てた書簡の展示や、漱石アンドロイドによる連続講演が実施されました。漱石の「夢十夜」等の朗読を中心にした講演が英国風ダイニングルームでおこなわれ、3日間、合計16回で、900人以上の来聴者から大きな反響を得ることができました。

B、「おかえりなさい！夏目漱石先生～漱石アンドロイドから未来へ～」プロジェクト

2017年11月23日～26日、愛媛県松山市における「おかえりなさい！夏目漱石先生～漱石アンドロイドから未来へ～」プロジェクトに参加しました。本プロジェクトは、佐藤栄作愛媛大学教授を委員長とする記念事業実行委員会が主催し、愛媛県と松山市の協力を得たものです。六つのイベントを3泊4日で行う、大がかりな「出張」となりました。

松山では122年ぶりに松山を再訪した〈漱石先生〉に対する敬意や愛情がとても強く、非常に意義のある4日間になりました。松山の地で、漱石アンドロイドが〈漱石先生〉として甦り、固有の存在性を獲得していく状況に、「動きだす漱石」を見つめる思いがしました。六つのイベントについての概要を記します。

①11月23日、松山市役所での野志克仁松山市長との面談

野志市長との面談は、松山市役所本館市長応接室で行われました。記者の方たちに漱石アンドロイドがあいさつした後、野志克仁市長と対談しました。

漱石アンドロイドにとって初めての「対談」でしたが、アナウンサー出身の野志市長の柔軟な対応のおかげもあり、自然なコミュニケーションが生まれました。

②11月23日、坂の上の雲ミュージアムでの鼎談・朗読イベント「漱石先生、坂の上の雲ミュージアムへ、ようきたなもし」

本イベントは坂の上の雲ミュージアムにて、佐藤栄作実行委員長・松本啓治館長との鼎談、「坊っちゃん」の朗読、記念撮影の３部構成でおこなわれました。用意された60席は事前申し込みで満席でした。

鼎談の中で、「坊っちゃんスタジアム」について「正岡は野球が好きだったから、野球場の名前に私の小説の題名が使われていると知ったら、たいそう悔しがるでしょうね」と漱石アンドロイドが話すと、会場から笑いが起こりました。記念撮影も盛況で、松山における漱石アンドロイドの浸透ぶりが実感されました。

③11月24日、松山東高等学校における記念授業「ようもんたなもし、漱石先生」

愛媛県立松山中学校・松山東高等学校創立140周年記念事業としておこなわれました。会場の体育館には全校生徒、教職員、PTA、同窓会会員、松山坊っちゃん会会員、来賓など1200人以上が集まり、漱石アンドロイドの出演する催しとしては最大規模です。生徒の課題研究発表や松山市立子規記念博物館館長竹田美喜氏による講演「松山中学の漱石先生」のあとに、漱石アンドロイドは「私の個人主義」を講演し、また生徒から寄せられた質問に答えました。「私の個人主義」の語りかけは生徒の胸にも響いていたようですし、漱石アンドロイドのお辞儀に会場の全員が反応するなど一体感も形成されていました。質疑応答は生徒会によって生き生きと進められていて、漱石アンドロイドを活用した創造型学習の可能性を感じることもできました。

④11月25日、済美平成中等教育学校での特別授業「漱石先生、ようこそ済美平成へ」

本イベントは在校生全6学年に加え、過去の学校説明会に出席した小学生とその父母の参加もあり、多様な年齢構成の約850人の聴衆で体育館は埋め尽くされました。

学習の一環として漱石アンドロイドを招いた側面が強く、窪田利定校長の謝辞、渡辺雅隆朝日新聞社社長の一言のあと、昨年度実施した石黒浩講演会の振り返り、漱石アンドロイドのメイキング映像の上映、漱石アンドロイドの自己紹介、生徒と漱石アンドロイドによる「坊っちゃん」朗読、生徒の質問と漱石アンドロイドの応答、漱石アンドロイドを制作した株式会社エーラボの三田武志代表取締役からのコメントと多様な内容のプログラムが続き、最後は生徒会長や司会の言葉で締めくくられました。

渡辺雅隆社長も漱石アンドロイドを朝日新聞社員としての「先輩」と呼び、来場者みんなが松山の文化を牽引した〈漱石先生〉の再訪を暖かく歓迎しました。

⑤11月25日、いよてつ髙島屋でのイベント「伊予鉄道１３０周年・坊っちゃん列車ミュージアム１周年記念「お帰りなさい漱石先生、ようこそいよてつ髙島屋へ」」

イベントは、いよてつ髙島屋８階スカイドームで、１回目は、漱石アンドロイドと伊予鉄道清水一郎社長によるトーク・漱石アンドロイドによる自己紹介・記念撮影会、２回目は、漱石アンドロイドといよてつ髙島屋従業員とのトーク・漱石アンドロイドによる小説「坊っちゃん」の一部朗読・記念撮影会という流れでおこなわれました。

特に1回目は盛況で、座席が足りなくなるほど来場者が詰めかけ、撮影会も先着で限定した20名を越える人数が行列をつくりました。

⑥11月26日、松山市立子規記念博物館での「子規・漱石生誕150年記念「第15回坊っちゃん文学賞」表彰式」におけるトークイベント

漱石アンドロイドは20分ほど、坊っちゃん文学賞ショートショート部門審査委員長でショートショート作家の田丸雅智さんとテンポの良い、アドリブ風の軽妙なトークをおこないました。表彰式のあいだは椎名誠・早坂暁（体調不良のため欠席）・中沢新一・高橋源一郎という錚錚たる審査員席の中央に座り、存在感を示していました。終了後の来場者の方との記念撮影もたいへん好評でした。

本プロジェクト全体を通して、中学や高等学校の生徒たちが漱石アンドロイドを初めて見た時のどよめきはとても印象的でした。〈甦った先生〉〈甦った先輩〉という思いや文脈がある時、アンドロイドは真に動きはじめるのだと感じました。

C、平田オリザ作の漱石アンドロイド演劇「手紙」上演

本演劇は、8月26日に本学で開催されたシンポジウム「誰が漱石を甦らせる権利をもつのか？—偉人アンドロイド基本原則を考える」におけるオープニングアクトでした。過去に石黒浩氏と組んでアンドロイド演劇を手がけた経験をもつ平田オリザ氏が漱石アンドロイドと井上みなみ氏との二人芝居を完成させました。漱石アンドロイドに感情や命がそな

わったように見えたパフォーマンスであり、芸術的な活動の可能性をひらいてくれました。

【Ⅲ】

「固有の場所には固有の力がある」と言われることがありますが、漱石アンドロイドは京都や松山への「出張」によって場所の力をあたえられたように見えます。大山崎山荘でレトロで芸術的な雰囲気に「身」を置いて、松山で地元の中高生たちの喝采を「聴いた」漱石アンドロイドはどこか異なるオーラを帯びた存在に見えてくるのです。

もちろん、本学の講堂や教室という学びの場でも同じことは起こります。明るい照明の下でたくさんの視線にさらされた時には羞恥の表情が、朗読が「身体」とうまくシンクロして成功した時にはほのかな歓びの表情が見える気がします。漱石アンドロイドが人間とさまざまな時空を共有する中で、歴史が双方に生まれているのは確かです。

わたしたちは、漱石アンドロイドと人間の新しい出会いの場をこれからも用意しようと考えています。その出会いがポジティブな何かを生み出すことを願って。

第3章

アンドロイドをめぐるいくつかの論点

1 漱石と出会う体験の創出①
アンドロイド×心理

高橋　英之

２０１７年春、京都の山崎にある漱石と所縁の深い邸宅跡において、夏目漱石アンドロイドが講演をするという催しが行われました。当日は漱石アンドロイドを一目見ようとイベントの開始時刻の前から多数の人々が集まり、漱石アンドロイドの姿が現れると大きなどよめきと拍手が巻き起こり、邸宅の趣ある内装も相まって熱気ある独特な雰囲気に会場が包まれました。これこそまさに漱石アンドロイドが時代を超えて我々の心の中に〝甦った〟瞬間と言えるでしょう。

時代を超えて甦った漱石アンドロイドと出会ったとき、我々の心にはどのような作用が引き起こされるのでしょうか？　アンドロイドを通じた故人との直接的な邂逅が人間の心理や社会にどのような影響を及ぼすのかについては完全に未知であり、このような影響を詳細に調べていくことは、心理学や人文学、哲学などさまざまな研究分野において非常にエキサイティングなテーマであると言えます。

この興味深い問いについて思索を深めるにあたって、二つの観点からその体験の意味を考える必要があります。一つは時代を超えて〝漱石〟という文豪と出会う意味、そしてもう一つはアンドロイドという、人間でもなく、しかしながら機械とも言い切れない〝最先端テクノロジーの産物〟と出会う意味です。これら二つの意味をきちんと切り分けて議論を進めていくことは、我々と漱石アンドロイドの出会いをより深く理解する上で非常に重要でしょう。

時代を超えて漱石と出会う

まず時代を超えて漱石と出会う意味について考えてみましょう。日常生活の中で、故人と直接、顔を合わせて出会う機会は基本的にはありません。一方で、仏壇を飾る、お墓参りに行く、歴史上の偉人の記念碑を訪問するなど、記憶の中に存在する故人と何らかのモニュメントを通じて時代を超えて〝出会う〟という体験は、古くから人間の暮らしの中に深く根付いてきました。テクノロジーの賜物である〝漱石という文豪アンドロイドとの出会い〟という全く新しい体験は、従来のモニュメントを通じた観念的な故人との出会いを超越した質的なリアリティを伴います。このようなリアリティは、これまでとは全く異なる故人との交流のあり方につながる可能性も秘めています。一方で、故人のアンドロイドとの出会いにおいて、従来のモニュメントを介した邂逅では生じないさまざまな困難も同時に生じます。観念的な故人との邂逅は、基本的に自分の記憶や想いと矛盾しない形でその出会いを頭の中で完結させることが可能です。しかし故人のアンドロイドと直接会うということは、その見た目や振る舞い、発話内容に直に触れることになり、抱いている故人のイメージがそれらと大きく乖離する場合、強烈な違和感をアンドロイドに対して抱くことになります。このような違和感を生じさせない工夫をすることは、故人のアンドロイドを創り出す上で避けては通れない重要な課題となると思われます。特に漱石アンドロイドのように著名な歴史上の人物をアンドロイドにする場合は、その人物に対して抱いているイメージは人によって多種多様であり、なるべく多くの人のイメージを損なわないデザインというものを考える必要があります。

最先端テクノロジー・アンドロイドと出会う

次に最先端テクノロジーの産物であるアンドロイドと出会う意味について考えてみましょう。近年、人工知能ブームも相まって、ロボットの話題がニュースや雑誌を賑わすことも多くなってきました。携帯電話会社のロボットなども日常的に街中でみられるようになり、家庭ではお掃除ロボットがせっせと働いていたりします。我々の日常生活の中において、〝ロボットとの出会う体験〟は確実に増えているように思います。また〝マツコロイド〟や〝アオイエリカ〟といったような存在がテレビで活躍していることもあり、実際にはロボットである一方で姿形が写実的な人間であるアンドロイドの存在も少しずつお茶の間に浸透しつつあるようにも感じます。

アンドロイドと出会う体験の意味

ではアンドロイドと接する体験は、我々の心理にどのような影響を与えるのでしょうか？　近年、心理学や神経科学の研究領域において、アンドロイドと接した人間の行動や生理状態、脳活動が計測され、〝アンドロイドと出会う体験〟の意味について科学的に考えようという試みが行われています。これらの研究の結果、脳活動のレベルで我々はアンドロイドをかなり人間に近い存在として認識している、ということが分かってきました（Takahashi et al. 2014）。その一方で〝アンドロイドとの出会い〟は実際の人間との出会いとは異なる性質があることも同時に分かってきています。それを示す興味深いトピックとして、〝ロボット（アンドロイド）に対する自己開示〟というものがあります。自己開示とは、自らについて〝他者〟に語ることを意味します。例えばカウンセリングにおいて、カウンセラーは傾聴を通じてクライアントの自己開示を引き出すことを試みます。なぜならば自己開示をすることは、それをした本人が日ごろ気づかない自らの想いや願望に自覚的になる上で非常に大切な意味をもっているとされているからです。このような自己開示を行うためには良い聴き手が必要になりますが、その聴き手が人間である必要は必ずしもなく、ロボット（アンドロイド）を聴き手にすることも可能です。そこで人間の聴き手に対する自己開示と、アンドロイドの聴き手に対する自己開示でどのような開示内容の違いが生じるのかを大学生を対象にした心理実験により調べたところ、アンドロイドに対しての方が自らのよりプライベートに近いネガティブな内面を開示する傾向が被験者さんにみられました（高橋 他 ２０１８）。この結果の理由は色々と考えられますが、一つの仮説として実際の人間の聴き手は被験者さんと同じ社会に属している同族である、という認識が被験者さんにあるため無自覚的に見栄を張ってしまう一方で、社会から超然と独立した存在であるアンドロイドに対してはこのような見栄を張る必要がないため、より自らの真の自己評価に近い内面が発露しやすくなったのではないかと思われます。すなわちアンドロイドと出会う体験とは、単なる人間のレプリカと出会うという意味を超えて、それ自体がある種の非日常性を伴った体験であると言えるでしょう。

漱石アンドロイドとの出会いに関する心理実験

以上述べてきたような観点に立ち、漱石アンドロイドとの出会いを、〝故人である漱石との出会い〟と〝人間とは異質なアンドロイドとの出会い〟という二つの観点からそれぞれ捉えるための心理実験を計画しました。これまで、漱石アンドロイドは壇上で多数の人間と同時に接するような講演会など、一対多の場面で活躍してきました。講演会のような場面は、聴衆とアンドロイドの距離も離れており、シチュエーションも非常にフォーマルであるということも相まって、そこまでアンドロイドの立ち振る舞いに対して聴衆が違和感を抱くリスクは大きくありませんでした。そこで今回はより詳細に被験者さんのパーソナリティと漱石アンドロイドに対して抱く違和感の関係を調べるために、被験者さんが漱石アンドロイドと一対一の近い距離で単純な会話を行ってもらうシチュエーションにおいて、被験者さんのアンドロイドとの会話に感じた印象を尋ねる実験を行いました。

今回行った実験の流れを簡単に説明します。今回は被験者さんとして、インターネットで募集して集めた20～30代の男女37名に協力をしてもらいました。漱石アンドロイドと会話する前に、まず被験者さんは別室において、〝自身が夏目漱石に対して抱いている印象〟、〝漱石やその著書に関する知識をどれだけ持っているのか〟、さらに〝ロボットや人工知能に対する個人的な印象〟をリッカート尺度によるアンケートで回答しました。そして「これからアンドロイドと会話をしてもらいます。ただしアンドロイドの質問にのみ答えるようにして、逆にそちらから質問をするなどはしないでください」と教示した上で、漱石アンドロイドがいる部屋に被験者さんに移動してもらいました。被験者さんとアンドロイドの対面は、個室において実験者の一人（漱石の助手という設定）を陪席する形で行いました（**図1**）。アンドロイドの発話や動作は、あらかじめ用意したスクリプトに従って別の実験者が裏で遠隔操作をしました（Ｗｏｚ法：オズの魔法使い法）。漱石アンドロイドとの会話は、被験者さんに対する簡単な質問（例：好きな食べ物は何か？）を漱石アンドロイドがまず尋ね、それに対して被験者が回答した後に、その質問のトピックに関する漱石の簡単なエピソードを、漱石アンドロイド自身、もしくは陪席している実験者が紹介する、というルーチンを繰り返すことで行いました。そして漱石アンドロイドとの5分弱程度の会話を終えた後に、被験者さんは別室に移動して直前に行ったアンドロイドとの会話の印象をリッカート尺度によるアンケートで回答しました。

この心理実験ではさまざまな興味深い知見が得られたのですが、ここでは事前に被験者さんが回答した〝漱石に対する興味・知識〟の度合いと、〝人工知能に対する畏怖〟の度合いが、〝漱石アンドロイドとの会話に感じたリアリティ〟の度合いと、どのような関係

図1　漱石アンドロイドと会話する被験者

にあったのかについて紹介をしたいと思います（これらの度合いは複数のアンケート項目の結果を主成分分析によってまとめたものになります）。まず事前に尋ねた〝漱石に対する興味・知識〟の度合いと〝漱石アンドロイドとの会話に感じたリアリティ〟の間には弱い正の相関がみられました（図2左）。これはすなわち、事前に漱石に対してどれだけ知識や興味を抱いていたかにより、〝漱石アンドロイドと出会う〟という体験のリアリティの強さが変化することを示唆するものです。これは漱石アンドロイドとの出会いをデザインする上で、出会う人間の漱石に対する興味や事前知識を慎重に考慮しなくてはいけないことを意味しています。さらに興味深い結果として、被験者さんが抱いている〝人工知能

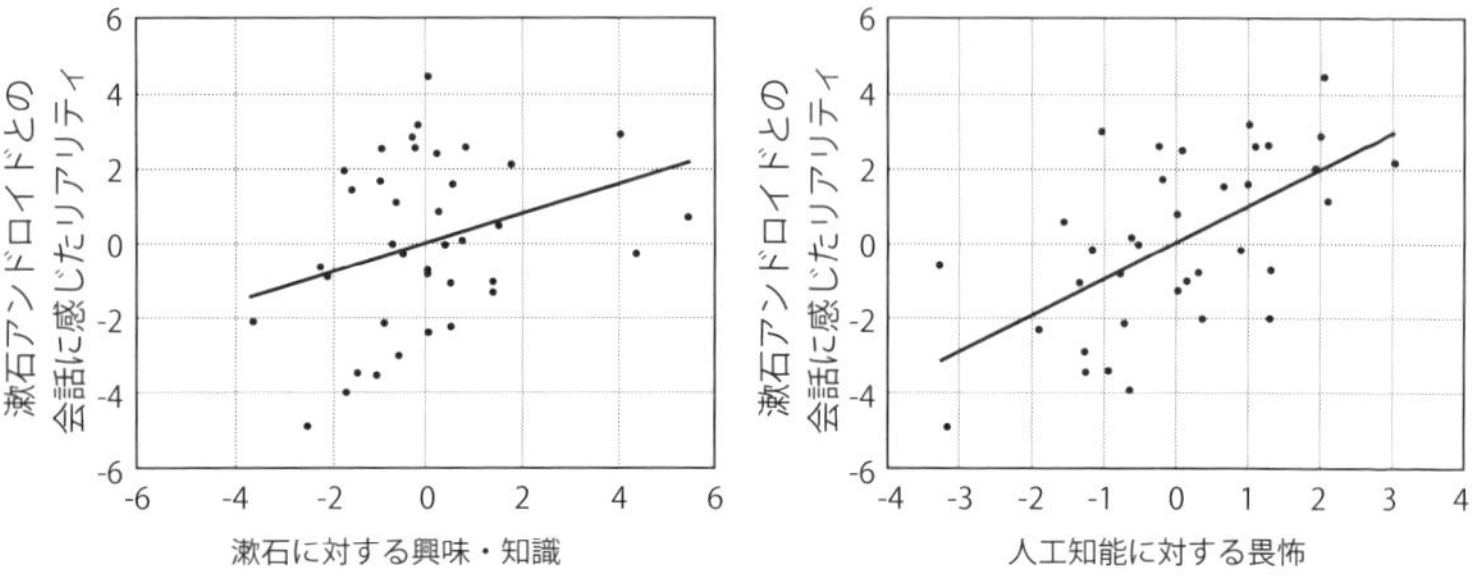

図2　漱石や人工知能に対する事前の印象と漱石アンドロイドに感じたリアリティの関係

に対する畏怖〟の度合いと、〝漱石アンドロイドとの会話に感じたリアリティ〟の間により強い正の相関がみられました（図2右）。これは人工知能に対して個人が抱く思いそのものが、漱石アンドロイドとの出会いにおけるリアリティに影響を与えるという非常に解釈が難しい結果であると言えます。少し想像も交えてこの結果を解釈しますと、〝今の人工知能技術はすごいのだから、そのような技術が再現している漱石アンドロイドの姿は（どのようなものであれ）とてもリアリティがあるものに違いない〟というある種の妄信が生じてしまっている可能性があります。このような人工知能への過信で生じる（漱石自身に対する知識や敬意に基づかない）〝漱石アンドロイドのリアリティ〟は、漱石に対するイメージを歪めてしまうリスクをはらんでいる点に今後は十分に注意を払う必要があるかもしれません。

以上、漱石アンドロイドに対する出会いを〝故人である漱石との出会い〟と〝人間とは異質なアンドロイドとの出会い〟の二つの観点から捉えるために行った心理実験について簡単に紹介をいたしました。漱石アンドロイドの研究はまだ始まったばかりですが、この研究を今後深めていくことは、精緻なアンドロイド技術をより高める、といった技術的な面白さを超えて、歴史上の偉人の集合記憶がどのように形成され、それがどのように受け継がれてきたのか、という〝人間の存在〟そのものに対する哲学的な問いを探求することにもつながると期待しています。

文献

Takahashi, H., Terada, K., Morita, T., Suzuki, S., Haji, T., Kozima, H., Yoshikawa, M., Matsumoto, Y., Omori, T., Asada, M., Naito, E., Different impressions of other agents obtained through social interaction uniquely modulate dorsal and ventral pathway activities in the social human brain, Cortex, 58, 2014/09, 289–300.

高橋英之，伴碧，内田貴久，島谷二郎，熊崎博一，守田知代，吉川雄一郎，石黒浩，ロボットを用いた自己開示促進システムの心理過程のモデル化，２０１８，行動科学，57（1），47－54．

2 漱石と出会う体験の創出②
アンドロイド×心理

改田　明子

漱石アンドロイドは、夏目漱石という実在した文豪をアンドロイドとして再現しようとする試みです。誰もが、その作品を通じて知っており、イメージを共有している人物でありながらも、現実の漱石に会ったことのある人は現存しない。そんな人物が、アンドロイドという身体性を備えた存在として私たちの目の前に現れたのです。そのようなアンドロイドに初めて接する私たちは、それによってどのような影響を受けるのでしょうか。さまざまな場面でアンドロイドの普及が予想される今、これはとても興味深い研究テーマです。

漱石アンドロイドは、講演などの機会を通じてさまざまなメッセージを発信します。それは、あるときは自分の作品の朗読であり、あるときは体験談や現代社会に関する提言であったりするかもしれません。漱石アンドロイドは、漱石の人物像ガイドラインに沿ってこれからもメッセージを発信してゆきます。メッセージを発信する漱石アンドロイドを体験することは、受け取り手である人間にどのような影響を及ぼすのでしょうか。ここでは、その影響を以下の三つの視点から捉えてゆこうと思います。第1は、私たちのもつ漱石イメージへの影響です。第2は、発信されたメッセージ自体の内容の受容に関わる影響、そして最後にアンドロイドという存在の受容に関わる影響です。アンドロイドの漱石に出会う体験は、この3領域にわたって私たちに影響することが想定されます。以下に、これらのことについて、今後の研究への構想を含めてご紹介しましょう。

漱石アンドロイドとの出会いと漱石イメージの変化

私たちは、漱石アンドロイドと出会う体験が、私たちがすでにもっている文豪夏目漱石のイメージにどのような影響を及ぼすかということを調べています。その最初の探索的な実験として、漱石アンドロイドが漱石作品を朗読するというプログラムを大学生に体験してもらいました。その結果の一部をご紹介します。大学生が体験したプログラムは、漱石作品『夢十夜』の第一夜の朗読です。大学生は、アンドロイドを体験する前に、漱石がどのような人物かそのイメージを評定しました（**図1**の黒丸）。用いた評定尺度は、パーソナリティ認知で研究実績のある20尺度です（林ほか、１９８３）。その後、大学生は漱石アンドロイドのプログラムを体験してから、再び同じ評定尺度について漱石のイメージを

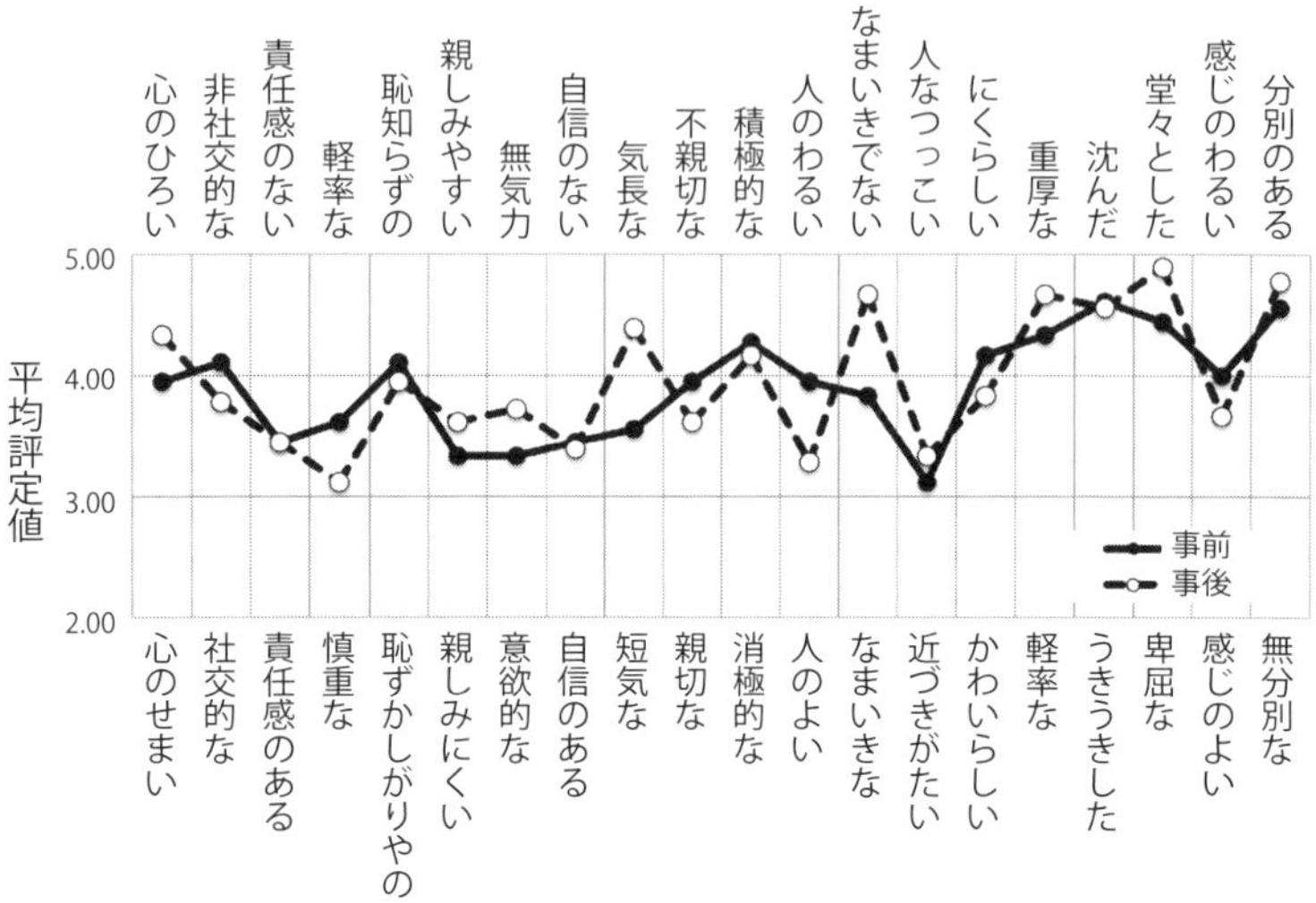

図1　漱石アンドロイド体験（夢十夜）による漱石イメージの変化

評定しました（図1の白丸）。図中の二つの折れ線の違いは、漱石アンドロイドに触れる経験によって漱石のイメージが変化した様子を捉えているとみなすことができます。実験の結果、「短気な—気長な」、「なまいきな—なまいきでない」、「人のよい—人のわるい」の3尺度について、アンドロイド経験前とアンドロイド経験後の評定値に統計的に意味のある差が認められました。

　このように、人々が漱石アンドロイドに出会うことによって、文豪夏目漱石のイメージは変化するようです。このイメージの変化の様子は、「人のよい」「なまいきでない」というように、全体として肯定的なイメージへの変化となっています。漱石アンドロイドの存在感に触れ、馴染むことが親近性を高め、好感度が上がるような漱石イメージの変化につながったものと考えられます。もちろん、この変化は漱石がどのようなメッセージを発信するかということとも関係するでしょう。とくに、前述のプログラムで朗読された作品が「１００年待つ」という気の長い内容だったことも、「気長な」という漱石のイメージの変化につながっているものと考えられます。今後、さまざまな漱石アンドロイドのプログラムを人々が経験することを通じて、人々がもつ夏目漱石のイメージも変化してゆくことが想定されます。漱石アンドロイドを所有し、コントロールする私たちには、プログラムを提供する中で、漱石イメージの変化の様相を追跡し、夏目漱石の人物像を歪めない・傷つけない配慮がいっそう求められることになるでしょう。

さらに、漱石アンドロイドの体験を通じて、身体という具体的な存在を基盤とした漱石イメージの構築が促され、漱石イメージがより具体的で鮮明なものになってゆくことも期待されます。文学研究を通じて実証されてきた夏目漱石の人物像を漱石アンドロイドに実装し、一つの身体を持ったアンドロイドに夏目漱石という人物の多様な言動を再現することも可能になります。それによって、個別的な研究の中で明らかになった漱石像が、統合された存在として体験され、漱石の人物像理解の深化にもつながるのではないでしょうか。

漱石の自分語り

私たちは、漱石アンドロイドに出会った大学生に、今後どのようなプログラムを体験してみたいかという質問もしてみました。皆さんだったら、漱石アンドロイドに何をリクエストするでしょうか。大学生の回答には、漱石作品の朗読や同時代人についての語りなどとともに、漱石自身の体験談が多く挙げられました。そこで、私たちは「漱石の自分語り」のプログラムを作成することにしました。漱石とそっくりの容姿を備えたアンドロイドが、漱石自身の体験談をメッセージとして発信するという事態は、漱石アンドロイドならではの場面設定といえるでしょう。かつて、私たちは、文豪の人生の軌跡に伝記や映像作品を通じて触れることはできましたが、身体化された漱石アンドロイドから発信されるメッセージとしての体験談はこれまでにないものです。当事者が自分の体験について直接語った体験談が、格別に人を動かす力を持っていることは周知の通りです。

具体的には、ある漱石作品を元に体験談を構成します。その作品は、当時の大学生を対象にした講演会の記録を元にしたものです。そのなかで、漱石はロンドン留学中に体験した人生の転機について語っています。それは非常に人間的な体験であり、人生に迷いがちな若い人々には示唆に富むメッセージが含まれる内容です。実在の漱石が若い人々に向かってこのようなメッセージを送ったとき、当時の若い人々はどのようにそれを受け止め、どのように人生の指針としたのでしょうか。現代の私たちが擬似的に漱石の体験談に触れることを通じて、当時の若い人たちの受け止め方にまで想像が広がってゆくでしょう。

メッセージの受容の過程

漱石アンドロイドは、まとまった意味内容をもつメッセージを発信する存在です。漱石アンドロイドが体験談を語り、そのメッセージの内容が人にどのように記憶され、定着してゆくのかということを考えるためには、認知心理学の文章理解に関するモデルが参考になります。そこでは、文章を読んでその意味内容を理解する際には、三つのレベルの処理があると考えられています（Kintsch, １９９４）。このモデルを使って、私たちがアンドロイドの自分語りを理解する過程を考えてみましょう。まず最初の段階は、文章の表層構造の処理であり、単語や句がそのまま記憶されます。アンドロイドが発信したメッセージに「ロンドン」という語が含まれていたということの記憶がこれにあたります。次の段階は、テキストベースの形成・処理の段階です。そこでは、文と文の意味的なつながりに関する命題的表象が構成され、メッセージ全体としての意味が記憶されます。これは、体験談で語られた内容が理解されるという段階です。最後の統合過程の段階は、メッセージの受け手の知識によってさらに詳細な情報を加えて情報を統合する段階で、そこで形成される表象は状況モデルと呼ばれます。状況モデルは、単なる発信されたメッセージの内容理解を超えて、そのメッセージが伝えようとしている状況の理解を可能にし、それによって他の問題解決場面などで活用可能な知識となります。漱石の体験談から人生訓を導き出し、自分の問題への対処法につなげて考えるといったことがこれにあたるでしょう。体験談が人を動かす力を持つ理由は、メッセージを受け取った人々にそのような状況モデルの構成を促すからなのかもしれません。一般に、表層的表象は時間経過とともに急速に忘却されてゆきますが、状況モデルは長い間記憶に留まり続けます。

私たちが漱石アンドロイドの体験談を受容するとき、このような三段階の記憶表象が形成されるものと考えられます。今後、教育場面でのアンドロイド活用が広がるなかで、漱石アンドロイドが多様なメッセージの媒体として利用されるようになるでしょう。メッセージの媒体としての有効性は、状況モデルの構築という観点から検証できます。漱石アンドロイドからのメッセージを受け取った人々の中に、応用可能な状況モデルの構成が促される、そのような漱石アンドロイドのプログラムを目指したいと思います。それによって、まさにアンドロイドは生きた知識の伝達につながる有効なメディアとなるとも言えるでしょう。

漱石アンドロイドという存在の受容

さらに、漱石アンドロイドとの出会いがもたらす第3の影響として、漱石アンドロイドという存在を私たちがどのように受容するのかという問題があります。誰もが知っている文豪であり、かつ生前の本人に会った経験のある人は現存しない夏目漱石がアンドロイドとして再現されたのです。生前の漱石によく似た身体をもち、まるで生きているように動作する漱石アンドロイドは、私たちには未体験領域の経験を与えてくれます。その未体験の存在に対して感じる「違和感」は、多様です。ここでは、漱石アンドロイドを体験した大学生が感じた違和感の記述を、（A）存在違和感、（B）演出違和感、（C）機能違和感の3群に分類してみました。（A）存在違和感は、「実物を見たことがないものをアンドロイド化されてもよくわからない」、「人間の形をしているのに人間ではない違和感。周囲がさも現代によみがえったように扱っていることへの違和感」という記述に見られる漱石アンドロイドという存在に対する違和感です。（B）演出違和感は、「スピーカー（アンドロイドから声が出てないところ）」、「人に連れていかれるところ」など演出上の不整合から派生する違和感です。そして、（C）機能違和感は、「終始ほぼ不動で淡々と話し続ける怖さ」、「動きが単調、カクカクする」などアンドロイド本体の機能上の限界に関する違和感です。

まず、（B）演出違和感は、生まれたばかりの漱石アンドロイドをどのような存在として演出すべきなのかということについて、私たちも試行錯誤の段階にあることを示しているものと思われます。アンドロイドの登場の仕方から、司会者がアンドロイドに話しかける態度、アンドロイドの自己意識などさまざまな側面について、どのような存在として演出するのかについての議論が求められます。本来機械であるアンドロイドを「まるであたかも人間であるかのように演出する」ことが、さらなる違和感を生み出だすこともあるかもしれません。試行錯誤を重ねながら、私たちは適切な演出を模索してゆかなければならないでしょう。また、（C）機能違和感は、漱石アンドロイドという機械の機能上の限界にかかわる違和感と言えましょう。これは、技術の進歩によって解消されてゆくような違和感です。そして、（A）存在違和感は、まさにこの存在が未体験領域の存在であることを反映している違和感です。これから漱石アンドロイドによる実践の展開を通じて、アンドロイドという存在の社会的な位置づけを明確に打ち出してゆくための取り組みが待たれます。まだ馴染みのないアンドロイドが、社会的に導入されてゆく過程の中で経験の蓄積とともに、当たり前の存在になってゆく。どのような当たり前の存在になってゆくのか、それを楽しみに見届けたいと思います。私たちは、そのようなプロセスの出発点に立っています。今現代の私たちが出会った漱石アンドロイドという存在を通じて、世界がアンドロイドの存在をどのように受容してゆくのか、これからも一緒に見つめ続けてゆきたいと思いませんか。

文献

大橋正夫・林文俊・廣岡秀一　１９８３　〝暗黙裡の性格観に関する研究（Ⅱ）―共通尺度法と個別尺度法の比較検討―〟名古屋大學教育學部紀要　30巻　１‐26．

Kintsch,W. 1994 "Text comprehension, memory, and learning." American Psychologist, 49,294-303.

3 再生ロボットに権利はあるのか？ それは誰が行使するのか？

アンドロイド×法

福井　健策

多彩な再生ロボット

生前の、あるいは物故した個人を「模した」ロボット（ここではアンドロイド、ＡＩなどを広く含む言葉として用いる）は、既に数多く作られています。著名なものは石黒浩教授のチームによる、漱石アンドロイドや勝新太郎・桂米朝らのそれでしょうし、マツコロイドや実在の女優をモデルにしたジェミノイドＦが挙がるでしょう。ジェミノイドＦは、平田オリザ脚本の映画により、東京国際映画祭最優秀女優賞に（恐らくアンドロイドとしては世界で初めて）ノミネートされました。あるいは、人工知能と自動ピアノによって世界的なピアニストの演奏スタイルを再現した「リヒテル・ボット」や、実在の声優のボイスサンプルに基づくボーカロイド。亡くなった名優ピーター・カッシングを、ＣＧで２次元再生し「スター・ウォーズ」シリーズ映画に「ターキン提督」として再出演させた例なども、広くこの範疇に入るかもしれません。作風の「模倣」もあります。ショートショートＳＦの名手・星新一の短編を全てＡＩに学習させて新たな短編小説を書かせる「星新一プロジェクト」や、レンブラントの作風を学んだＡＩがレンブラントの新作を描いた例なども、このグループに入れられるでしょう。

故人を甦らせるアンドロイドひとつとっても、そのさまざまな需要は語るまでもなく、これから当然増えると予想されます。その際に、確実に大きな課題として持ち上がるのは、こうした再生ロボットをめぐる権利と責任の問題です。本稿では「権利」を主な切り口に、状況を概観してみましょう。

再生ロボットを作るのは自由か

そもそも、実在の人物を模した再生ロボットを他人が作るのは自由でしょうか。二松学舎大学のチームが最初に直面したのも、この問題だったといいます。論点は多彩ですが、まずは大きく著作権と肖像権の問題が浮上します。例えば再生ロボットは、しばしば「本人」の写真・映像、あるいは書いた手紙などの文章を利用して制作されます。これらはいずれも誰かの著作物であり、利用には基本的に権利者の許可を要します。そして時としてそれは、極めて厄介な作業です。

※再生ロボットの制作と利用に関わる権利・簡略版
（○：要許諾、△：場合による）

利用する要素と関連する権利	本人ほかの作品・文章・講演【著作権】	本人ほかの演技・演奏【著作隣接権】	既存音源【著作隣接権】	本人ほかの外観・音声・発言【肖像権・プライバシー等】	所持品・遺品【所有権】
複製（データ化・再製・商品化等）	○（機械学習・一定の研究開発までは可能）	△（左に加えて、一定条件で権利消滅）	○	△	―（協力は必要）
展示・公開	―	―	―	△	実物は○
実演・上映	○	―	―	△	―
ウェブ公開	○	△（複製と同じ権利）	○	△	―

　ここで、再生ロボットの制作をめぐって問題になる権利を、表にまとめてみましょう。上の段が、制作に際して利用されるさまざまな要素と関わる権利、左の列が制作に際して考えられる利用行為、そして○印は、その利用には「本人」の権利が関わるので無断でおこなうと権利侵害になるという意味、△印は場合によっては権利侵害になるという意味、です。

　偉人アンドロイドの場合には、特に肖像権が大きな問題でしょう。つまり、「実在の人物の姿かたちには肖像権があり、無断でそれを模したアンドロイドを作っては肖像権侵害になるのではないか？」という論点です。実は、この点はグレーです。というか、「肖像権」という権利じたいが著作権などと比べてもはるかに曖昧です。確かにそういった権利は、あります。ただ判例で発達して来た権利なので、「肖像権法」という法律はありません。条文があって、権利がどういう場合に働くかといった明確な基準がある訳ではないのです。

代表的な判例は2005年の「林眞須美事件」判決で、そこで最高裁は人の肖像は無断撮影などから保護されるとしつつ、「少しでも肖像が使われたら全て侵害という訳ではない」と判断しました。社会生活を営む以上は、姿かたちが撮影されたり公表されたりすることも時にはある。それが通常人の受忍の限度、いわばがまんすべき程度を超えた場合だけが侵害になる、と述べたのですね。その際の考慮要素は六つで、「①被撮影者の社会的地位、②撮影された活動内容、③撮影場所、④撮影目的、⑤撮影の態様、⑥必要性等」でした。その総合考慮によって受忍の限度かを考えるという、「そりゃそうだろうけど実際どう判断すりゃいいんだ」と現場が言いたくなる基準だけを述べて、最高裁は以後沈黙しました。

更に、実は一般に「肖像権」と呼ばれるものにはもうひとつ亜種があって、「パブリシティ権」と言います。これは全ての人ではなく著名人だけに認められるいわば追加的な保護で、芸能人やスポーツ選手がそのネームバリューの他人による営利利用を止められる権利です。やはり判例上発展したもので、こちらは2012年の「ピンク・レディー事件」と呼ばれる最高裁判例によって、グラビア写真集や無断での商品化・広告利用などはパブリシティ権の侵害とされました。

特に伝統的な肖像権の方は基準の曖昧さが特徴で、つまり偉人アンドロイドを作ることが肖像権の侵害かははっきりわかりません。ただ、著名人には違いないので、作られた偉人アンドロイドを無断で商品として売ったり広告に使ったりすれば、パブリシティ権の侵害になるのは間違いないでしょう。その偉人が生きていれば。

そう、実は物故した個人の場合、この肖像権やパブリシティ権があるかがそもそも不明なのです。いずれも「本人の人格保護に由来する法的権利」とされており、そうであれば死後は消滅すると考える方が自然だからです。ただそう明言した判例は、まだありません。

しかも、話はそこでも終わりません。判例は伝統的に、故人の人格権は消滅しても、例えばその名誉を害するような書籍を書けば「遺族自身の人格権の侵害にあたり得る」として、これを一定程度保護して来たからです。

まとめれば、肖像権・パブリシティ権的にいえば「物故した偉人のアンドロイドの制作と利用はある程度自由」と思える一方、「特に名誉やプライバシーを毀損するような使われ方だと遺族固有の人格権を侵害しそうなので注意」、となりそうです。

生み出されたものの権利は誰にあるのか

次は再生ロボットの生産物は誰のものか、を考えましょう。例えば、再生ロボットが小説を書いたり俳句を詠んだりした場合、これが人間なら著作権が生まれます。再生ロボットが演技や演奏をした場合、これが人間ならその映像や録音には「著作隣接権」という、著作権と似ていますがもう少し狭い権利が認められます。再生ロボットの生産物にも同じような権利があるのでしょうか？　ないなら、漱石アンドロイドの演技を誰かが撮影したりＤＶＤにして売っても著作隣接権の侵害ではない、ということになりそうです。

例えば、詠まれたのが本人の既存の俳句そのものならば、問題は単純です。それは元の作品のコピーでしかないので独自の権利性はありません。ただ、元の作品の権利は及ぶので、その限りで詠まれた俳句の無断利用はできません（漱石の場合、もう権利は切れているので自由）。では、既存の作品とは作風が似ているだけの別作品ならどうか？

これはつまり、「創作は人間の特権か」という問題に帰着します。著作権法によれば、著作物とは「思想・感情の創作的な表現」（2条1項1号）です。「思想や感情を持てるのは人間だけなので、人間以外は著作物を生み出し得ない」というのが、日本や世界での従来の通説でした。日本でも自動翻訳や自動作画を巡って１９９３年には著作権審議会というところで議論されており、そこでは「ちょうどカメラで写真を撮るように、人がコンピュータを道具として使って創作することはある。その場合にはユーザー本人が著作者となる。しかし、創作過程において人の創作的な寄与が必要なのだ」とされました。つまり、単にボタンを押したら自動的に出て来るような完全自動生成物に著作権はない、ということでしょう。先だって、1978年に米国、1982年にユネスコで同じような議論がされています。

2015~17年、筆者（福井）も所属する内閣府知的財産戦略本部の委員会も、当面は同じ結論を維持する内容の報告書を出しています。つまり、再生ロボットの生み出した文章・音楽・画像には著作権はないので誰も独占できず、生まれた瞬間に社会の共有財産になると考えられそうです。今のところは。

ただ今後、「再生ロボットの成果物にも権利を認めて欲しい。成果物を無断で利用されては困る」という要求は、恐らく各方面から出て来るでしょう。肖像権についても同じです。物故した偉人アンドロイドの姿かたちの利用にも一定の権利保護が必要だ、という「アンドロイド肖像権」の要望が強まる可能性は、今後大いにあります。

そしてこれは、「権利が生まれるとして誰が権利を握るのか」という問いに帰着します。恐らく権利者の候補は三つでしょう。①本人の遺族／所属事務所、②ロボットの開発

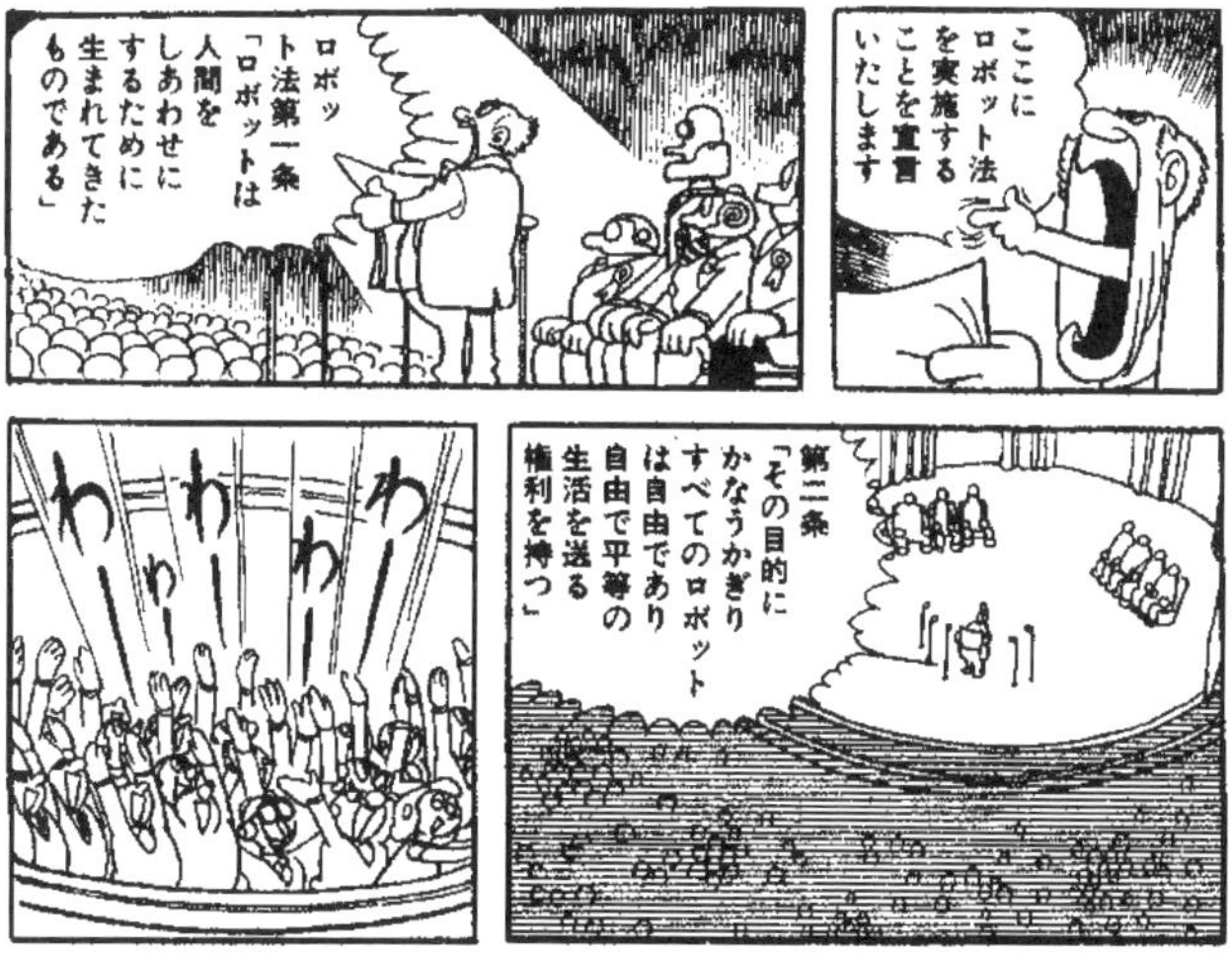

手塚治虫「アトム今昔物語」（1967～9）

者（特にビッグデータを握りＡＩ開発で先行する米国プラットフォーム勢）、③ロボットの所有者／ユーザー、です。

いや、もうひとつありました。④再生ロボット自身、です。笑ってはいけません。ＥＵの法務委員会は２０１７年、「電子法人の制度を作り、ロボット自身を権利・義務の主体と認める」提案を現におこなっているのです。そして「非人間」を権利主体と認める制度は、実は会社制度・財団制度など古くからあり、それほど奇異なものではありません。それどころか、我が国ではＥＵに先立つこと50年前、既に「ロボット法に基づいてロボットに人間と同様の権利を認める社会」を詳細に描き切った人物がいます。手塚治虫です。

読み返せば「ロボット法」「ロボット・ヘイト」「ロボット・人間間の結婚や養子縁組」と、手塚の先駆性には驚くばかりですが、ロボット権の議論は今や決して荒唐無稽ではありません。なぜか。「ロボットの行為結果に向けて権利を主張すること」と、「それに対して責任を負うこと」は、完全に同じではないにしてもかなり表裏の問題だからです。

そして、現在、少なくとも欧米でのロボット法の議論の関心は、権利面よりも圧倒的にこの責任の所在面にあります。自動運転車の事故の責任の話は誰しも聞いたことがあるでしょう。観光スポットで、ホスト役のアンドロイドの誤誘導が原因で死傷事故が起きたらどうしましょうか。AI搭載の有名人アンドロイドが、他人に対する名誉棄損やヘイトスピーチをくり返したら。他人の作品を中途半端に学習して、盗作ばかりをばらまく文豪ロボットをどうするか。いずれも、再生ロボットの学習や行動パターンからして全くあり得る事態でしょう。

責任を負うのは、遺族か、開発者か、ロボットの所有者か？いや、AIの行動の結果は完全には予測できないのだから誰もそんな責任は負えない。権利は主張するが、責任は負わない。もちろん現実社会はそんな話ばかりだから、これは通るかもしれません。しかし、権利主張をすると責任の議論もついて来やすいことは事実でしょう。そこに、電子法人の提案理由もあります。我々は近い将来、ロボット自身に権利も責任も担って貰うような法的フィクション（恐らくロボット賠償保険制度がそれを補完します）を真剣に検討しなければならなくなるかもしれません。

まとめと提言

再生ロボットの権利をめぐって、ずいぶん遠いところまで来ました。最後の論点は今後の課題としておいて（ただし責任論の整理は喫緊です）、ここでは偉人アンドロイドの権利に関する基本原則案を提案して締めくくりたいと思います。以下は、現行法がこう固まっているという意味ではありません。「現行法の解釈とある程度整合はしているが、不明確な部分を含めてこのようなガイドラインを提案し、今後の議論の材料としたい」という趣旨です。

権利の面から見た偉人アンドロイド基本原則案

①利用可能なデータがあるなら、死後にアンドロイドを作ることも、その姿を人が撮影公開することも自由

②ただし、故人・遺族の名誉やプライバシーは害さないよう留意し、特に行為や発言が

フィクションである場合はその旨を明瞭に表示すべき
③ロボット独自の創作・実演に著作権や著作隣接権は認めない。よってその創作した作品や実演を第三者が複製利用するのも自由
④この原則は、ロボットが独立の人格を持ち得た（その意味すること自体が検討対象）段階で、見直す。というか、既存の権利と法の体系全体が見直しを余儀なくされる

4 アンドロイドによる進化
アンドロイド×社会

石黒　浩

銅像とアンドロイド

アンドロイドの基本原則を考えるにあたって、動かないアンドロイド、すなわち銅像の意味から考えてみます。

亡くなった人のアンドロイドを作るというのは、いわばその人の銅像を作るのに似ています。しかしながら、銅像と全く同じではありません。アンドロイドの場合は、しゃべっ

たり、動いたりします。そのため銅像以上に作る手間暇がかかるのですが、一方でそれは非常に人間らしい存在感を持つ様になります。銅像とは比べものにならないくらいに人間らしくなります。

そして、当然のことながら、何をしゃべらせるのか、どのように動かすのかが問題になります。

このしゃべる内容が偏ったり、特定の動作だけを繰り返すようなアンドロイドを作ると、生前のその人の印象とは異なるアンドロイドになったり、ある場面でのその人だけを再現するようなアンドロイドになります。そのために、しゃべる内容や動作は慎重に選ばなければならなりません。

なぜ銅像は作られるのか

では、なぜ銅像は人類の歴史の中で作られ続けてきたのでしょうか。その答えは、銅像が動かないことにあると思います。大抵の銅像は最もその人らしい姿形で造られています。そして、その銅像を見る人たちは、その姿形から、その人が何をしてどのように振る舞ったかを想像します。

この想像において人間は多くの場合、ポジティブに想像します。すなわち、その人から聞いた心打つ言葉や、生前に好ましく思えていた動作を思い出すのです。

人間は日常の活動において常に完全に情報を集めながら行動している訳ではなく、足りない情報については、想像力を頼りに予測しながら行動しています。それ故、不都合な予測をすると行動できなくなるため、予測は概ね自分に都合のよいポジティブなものとなります。

こうした人間の脳の性質に支えられて、亡くなる前よりも、銅像になってからの方が、人々から好意的に受け入れられるのです。これが歴史的に銅像が繰り返し作られてきた理由だと考えます。

偉人のアンドロイドを作る

そして、その銅像が偉人のものであれば、人々のポジティブな想像はさらに高まります。偉人にももちろん、個人的な側面と社会的な側面があり、個人的な側面においては、普通の人とさほどの違いが無いかもしれません。しかし、社会的な側面においては、普通の人とは比べものにならないくらいポジティブで偉大な想像をもたらします。

この偉人の銅像をアンドロイドにするのですから、その偉大な想像を壊さないアンドロイドにしなくてはいけません。もし、偉人のアンドロイドが銅像のように人々のポジティブな想像を掻き立てないなら、おそらくはアンドロイドはいつしか物置の隅に追いやられます。

人々はその偉大さに感動したいと思って銅像を見ます。たとえその偉人が個人的な側面において、あまり感心できない性質を持っていたとしても、それさえも美談にかえてしまう偉大さを感じながら、その銅像を見ます。

一方で、言葉を発して体を動かすことができるアンドロイドの存在感は、生きている人間に非常に近い。幾ら見る側がその偉大さに感動したいと思っていても、アンドロイドが馬鹿なことを言ったり、愚かな行動をとれば、その偉大さは吹き飛んでしまいます。瞬時に見る側の夢が覚めるでしょう。

個人的人格と社会的人格

個人的人格と社会的人格の区別は重要です。人間には常にその二面性があり、偉人アンドロイドの製作においても、そのアンドロイドをどこに設置し、誰と関わらせるのかで、どちらの側面を見せるのがいいかを決める必要があります。

ただ、偉人が偉人と言われる由縁は、家庭のような狭い社会で偉人である訳ではなく、社会の広い範囲において、尊い存在と認識されてこそ偉人であるのです。故に、偉人をアンドロイドにするのであれば、当然その社会的人格をもとに、アンドロイドの発話や動作を設計すべきです。

しかしながら、個人的人格を全く見せないアンドロイドは、果たして人間的でしょうか。おそらく答えはＮＯです。十分理性的に制御された社会的人格は、時につまらなく、まさにロボットのように感じられるかもしれません。

人間が人間に親しみを感じるのは、普段社会的な場面では見せない、個人的な人格を垣間見せる瞬間でしょう。それ故、たとえ社会的人格を中心にアンドロイドの発話や動作を設計したとしても、個人的人格も適度に表出させることが望ましいです。

個人的人格の再現

では個人的人格の再現はどれほど許されるものでしょうか。個人的人格、すなわち個人のプライバシーに関わる問題です。

亡くなった人間のプライバシーはどれほど守られるべきなのか、そのプライバシーを守る権利は存在するのでしょうか。この答えは専門家に委ねるしか無いのですが、少なくとも、多くの人が傷つくようなことになってはいけません。

その偉人のプライバシーがあらわにされて、例えば親族が精神的に大きなショックを受ける可能性があるのでしたら、親族の許可を取りながら、個人的人格の設計やその表出頻度を決める必要があります。

しかし、一方で個人的人格を見せることで、親族に喜ばれる場合もあるでしょう。普段は、あまり個人的人格を見せることが無かった偉人が、アンドロイドになって、多少個人的人格をみせるようになり、逆に、偉人の新たな側面に気がついて、より親しみが湧くということは十分にあり得ます。

このように考えれば、個人的に人格をどれ程表出させるのがいいかは、偉人アンドロイドと対峙する者によって異なるのです。

理想的には、偉人アンドロイドに顔認識の機能を持たせ、対話相手に応じて、その個人的人格の表出度合いを変えるのが望ましい。

また、個人的人格を表出する適切な場面の認識機能も、偉人アンドロイドには必要になるでしょう。どのような場所でどのような人がいるときに、どれほど社会的人格を表出し、どれほど個人的人格を表出するか、それらを丁寧に制御することが理想です。

しかし残念ながら、顔認識技術をはじめとする、確実な人物認識技術の完成には、もう少し時間を要します。現在の技術では、部屋が明るすぎたり、暗すぎたり、大勢の人が同時にアンドロイドの前に立つと、カメラなどによる視覚情報を基にした、人物認識の精度は極端に悪くなります。

それ故、現在のところは、アンドロイドを使う場面や、アンドロイドと対峙する人を選ぶ必要があります。利用場面や利用者を限定しながら、アンドロイドの社会的人格と個人的人格の設計を行い、アンドロイドの権威を汚さないように、またモデルとなった偉人の関係者が不愉快な思いをしないように気をつけなければなりません。

では、個人的人格の再現がある程度許されたとすると、次の問題は、本当に個人的人格は再現可能なのかということになります。

社会的人格は、偉人であれば、さまざまな記事や記録が残されており、また、その社会的人格は社会の中で認識されているので、社会の中でさまざまな人に意見を聞きながら再現することができます。しかし、個人的人格については、それを知るものは家族などに限定されます。また、比較的偉人に近いといわれる人が知っている偉人の個人的人格は、単なる噂に過ぎないものも多いでしょう。

個人的人格は、本人のプライバシーであるが故に、正確に知ることが本来非常に難しい。もし偉人に直接面会したことのある人間が一人もいない場合は、どうなのでしょうか。実際に漱石については、親族を含め直接面会したことのある人はすでにこの世にいません。

漱石に関する個人的人格はすでに噂に近い情報になっています。この問題の解決も、文学研究の専門家に委ねたいと思います。漱石が残した多くの文章から、個人的人格を推定するのも、文学研究の重要な役割であり、その文学研究の研究成果を基に、漱石をアンドロイドとして復元できるならば、他に例を見ない文学とロボット工学の融合研究を成し遂げることができ、文学にもロボット工学にも新しい可能性が見えてきます。

社会的人格の再現

では、社会的人格とはどのようなものでしょうか。もう少し考えてみましょう。社会の中で多くの人に共有されている偉人の人格は、ほとんどの場合ポジティブなものです。これは私のロボット研究でも用いている仮説ですが、「人間は情報が足りない場合、自分の理想に合わせて、足りない情報をポジティブに補完（穴埋め）する」という仮説があります。完全ではありませんが、研究を通じて、この仮説が概ね正しいことを示せていると考えています。

偉人の社会的人格の場合、その偉人の偉さを正確に判断できる者は、実のところそれほど多くないと思われます。大抵の場合は、「他の人が偉いと言っているので、偉いのだろう」と考えているのではないでしょうか。特に偉人の業績が科学的な業績であると、その科学の深い知識が無いと、その偉人の本当の偉さは理解できません。

足りない情報をポジティブに補完するという人間の性質に加えて、みんなが信じていることを自分も信じるという、社会的な性質が重なって、偉人の偉大さは社会の中で共有されているのでしょう。

そうして、偉人はその個人的人格を超えて、また時のその業績を超えて、遙かに尊い存在として、社会の中で認知されるようになります。そして、多くの人の心の支えや、人生の目標になっていくのです。

すなわち偉人とは社会の中で、人々のポジティブな想像を喚起しながら、人々の生きる支えになるものであり、偉人アンドロイドもその性質を受け継がなくてはいけません。

動く銅像としてのアンドロイド

本稿の冒頭で、銅像の話をしました。銅像とは動かない故に、人のポジティブな想像を掻き立てるものです。しかし、銅像ほどに動かないと、一方で無視される機会も増えます。存在感が足りないのです。

銅像よりも人間としての強い存在感を持ち、人々の注意を引きつけ、しかし一方で人々のポジティブな想像を喚起する、それが理想的な偉人アンドロイドでしょう。

そして、その偉人アンドロイドは、おそらくは、偉人本人よりもさらに尊敬される存在になると思われます。無論そのためには、非常に注意深い発話と動作の設計が必要になるのですが。

偉人は銅像になることによって、そのネガティブな印象はいつしか失われ、そのポジティブな印象は、人々の想像の共有によって、強められていきます。それ故、偉人はアンドロイドになることによって、さらに社会的に理想的な偉人と生まれ変わる可能性があります。

我々偉人アンドロイドの制作を手がける者の使命は、偉人の社会的人格をより尊いものにし、偉人を敬愛する人々だけでなく、一般の人々にもポジティブな影響を与えるようにすることではないかと考えます。

偉人アンドロイド基本原則

以上の議論を踏まえて、私の考えるアンドロイドの基本原則とは、次のようなものです。

第一条　社会的人格を表現するものでなければならない。
第二条　社会で許容され難い個人的人格を再現してはいけない。
第三条　人々のポジティブな想像を引き出し、人々に対話できる偉人として、ポジティブな影響を与えるものでなければならない。

偉人とは社会の中で、その偉大なイメージが共有されている人のことです。それ故、言葉を発し体を動かせる人間らしいアンドロイドとして、その偉大さを人々に伝えるもので無ければなりません。

遠い昔に亡くなった偉人には、現代社会の中で共有されている偉大なイメージがあります。そのイメージをまとった人間らしいアンドロイドが、偉人のアンドロイドであるべきでしょう。偉人のイメージをまとって、銅像以上に人々に影響を与えるアンドロイドを作る。これが偉人のアンドロイドを作ることの意義です。

無論、畏敬の念を感じるだけのアンドロイドでは、人々の心を十分につかむことはできないでしょう。時折見せる個人的な側面に、豊かな人間性が表れることは常です。しかしながら、気をつけなければならないのは、その個人的な側面を見せすぎないということです。

残念ながら今のアンドロイド技術は、人間をそのままに再現できるわけではありません。対話や動作の機能は非常に限られています。それ故、人間のように人々と多様な関わりを持つことができません。非常に限定された関わり方しかできないのです。

そのような限定された対話や動作の機能を基に、多くの人を魅了しながら、多くの人に影響を与え、その偉人の威厳をさらに広げるアンドロイドを開発する必要があります。

偉人アンドロイドによる人間の進化

偉人はアンドロイドになることによって、その社会的人格が強化され、偉人本人よりも尊い存在になる可能性があるのですが、このことは、アンドロイドになることによる進化とも考えられます。無論、発話や動作を十分偉人らしく設計する技術が完成し、また、対峙する人を偉人アンドロイドが、人間と同レベルで正確に認識できるようになるということが前提でありますが。

アンドロイドの研究をして、よく聞かれる質問は、「人間はアンドロイドになることによって、死ななくなりますか？」というものです。この質問の裏には、アンドロイドは姿形だけでなく、人間の脳に相当するコンピュータまでも、人間の脳と同じようになるという期待があります。しかしながら、それが実現できるかどうかは未だ明らかではありません。今のコンピュータやロボット技術の開発速度を鑑みれば、千年も経てば十分に可能に思われますが、この十年や二十年で可能であるとは思えません。ただ仮にそれが可能だとするなら、人間は生身の体を捨て、死んで朽ち果てることのないアンドロイドの体と脳を用いて永遠にいきることができるのではないかと、人々は想像しているのです。

しかし、そうした人間の脳の代わりに用いることができるコンピュータの実現を待たずとも、アンドロイドになってその社会的人格を再現することで、社会的には永遠に生き残ることができるのです。そして、それは単に生き残るのではなく、より尊い存在として生き残ることになります。

非常に極端な考えかもしれませんが、「人間はアンドロイドになるために生きている」と言ってもいいのかもしれません。偉業を直し遂げ、その社会的人格を基に、アンドロイドとして社会の中で永遠に生き続ける。その人が永遠の命を求めるなら、このことが、人生の目的になってもおかしくないように思えます。

5 アンドロイドの発話行為、どこまでホンモノに近づけるか
アンドロイド×ことば

島田　泰子

タイトルが意味する2つの問題提起（前置き）

当たり前のことですが、漱石アンドロイドは夏目漱石本人ではありません。本稿のタイトル「ホンモノに近づける」云々は、明治の文豪をアンドロイドとして〝甦らせる〟ことをめぐって、言語面での課題や問題意識を述べて、問題提起を行うものです。

ホンモノということばを示されると、これと対になるニセモノということばがつい頭に浮かぶかと思いますが、このニセモノという日本語は、そもそも「似せ＋物」という組み立てで成り立っていることばです。アンドロイドじたいが人間に似せて作られた物であり、漱石アンドロイドも、実在した文豪・夏目漱石に似せて作られた物。漱石アンドロイドをニセモノ呼ばわりするのかと言われそうですが、ここでは実在した当人とそれに擬せられたアンドロイドの両者を対比的に位置づけ捉えるものとお考えいただければ幸いです。

本稿のタイトルをもう少し掘り下げるなら、実は「近づける」はダブルミーニングなの

です。一つ目の意味は、「近づくようにする」つまり他動詞としての「近づける」。二つ目の意味は、「近づくことが出来る」つまり可能動詞としての「近づける」です。

一つ目の場合は、「アンドロイドの発話行為を、どこまでホンモノに近づくようにしたものか」という問いとなり、これはつまり、「どこまでホンモノに近くするのが良いのか・近くするべきなのか」という、リアリティ追求の水準設定に関する問題提起となります。二つ目の場合は、「アンドロイドの発話行為は、どこまでホンモノに近づくことが出来るのか」という問いとなり、こちらは「どのようにすればリアルになるのか、そして限界はどこにあるのか」という、技術面や運用上の課題設定に関する問題提起となります。

無助詞の主題提示に留めて主語─述語の呼応もあいまいに、あえて舌足らず気味なタイトルにしたのは、この二重の意味を持たせたかったからです。

アンドロイドの「発話行為」をデザインすること（総論）

ホンモノそっくりに作られた〝似せ物〟である漱石アンドロイドを、いかに（＝どれだけ／どのようにして）発話行為の面でホンモノっぽくするかという試みは、〝作りもの〟であるアンドロイドに命を吹き込むことでもあります。魂・生命を意味するラテン語のアニマａｎｉｍａに由来する〝アニマシオン〟ということば（静止画が生き生きと動き出す

〝アニメーション〟とも同源）がまさにこれに当たりますが、肖像画や銅像のような静的なものと違って動いたり話したりする動的な存在であるアンドロイドでは、その言動と直結する印象や人格イメージを周到かつ入念にデザインすることは、とても重要になります。

特に、ＡＩ未搭載で自律的な発話生成が出来ない漱石アンドロイドは、事前に用意された台本に基づいて生成された合成音声を、生身の人間がタイミングに合わせて操作しスピーカーから再生することで、発話を擬似的に実現しています。その言動も、アンドロイドが自ら行うのではなく、アンドロイドの背後に存在する〝中の人〟がそうさせているだけ、セリフも用意されたとおりに言わされているだけ。当然、発話内容の台本スクリプトを手掛ける生身の人間（アンドロイドの〝中の人〟）の言葉遣いや他者との関わりにおける流儀《マナー》などの特性が、ダイレクトに反映されてしまいます。

大勢の聴衆に向かって行う講演・演説などの場面ではまだ問題とならないのですが、至近距離×小人数の対面における談話行動に擬した発話行為においては、デザインの重要性とそれゆえの難しさは増大します。書きことばを読み上げるのとは違って、より私的なスピーチ・スタイルが取られることになりますし、一方的な伝達に終わらない対話式の談話行動においては、インタラクション（相手との相互的な関わり）の要素が増えるからです。

不適切な発話行為を不用意にアンドロイドにさせてしまうと、対話相手（の生身の人間）に違和感や不快感を含めた情緒的な反応を抱かせることが、確認されています（後述）。下手をすれば漱石の人物像に関する印象や評価を損ねることにもつながりますから、〝似せ物〟とは言え、うかつなことはさせられません。その意味で、「発話行為」をデザインすることは、アンドロイド漱石の人格をデザインすることに近いと言えるのです。

位相論的側面から見た「発話行為」デザインの重要性（各論1）

実在した人物をアンドロイドにする場合、「言葉つき」や「語り口」が本人と大きく乖離していたのでは、当人を知る人にとって違和感は否めず、〝甦らせた〟〝甦った〟とは言いづらいでしょう。ＮＨＫ－ＢＳの特番「天国からのお客さま」（２０１８年10月放送）に登場した勝新太郎や立川談志の各アンドロイドは、本人そっくりなしゃべり方をする生身の人間が、モノマネで声を演じていました。たしかに、故人の生前を知る関係者やファンにとっては、合成音声でいかにも作りもののぎこちない話し方をされたのでは、せっかくの「再会」も、いささか興ざめかもしれません。

「体つき」や「顔つき」と同じく、「言葉つき」は身体性さえ伴ったある種の個性です。

漱石アンドロイドも、わざわざ写真やデスマスクほか残された資料から「体つき」「顔つき」を忠実に再現して作ったのに、「言葉つき」が漱石におよそ似ても似つかぬものであったなら、台無しになってしまいます。

しかも、言葉遣いには、単なる個性のレベルを超えた「位相論」的な背景があります。「位相」という言語研究の術語《ターム》（数学分野からの借用ですが、概念と定義は全く異なります）によって分析されることばの「位相性」というものについては、専門外の方々には少し説明が必要でしょう。

variations in style and social classesという英訳がその内実を端的に示すとおり、ことばの「位相性」の要素には、性差、地域差、時代差・世代差、階層差、場面差などの項目が挙げられます。そういった発話者の属性・発話の環境などを含めた言語運用上の背景的条件によって、言葉遣いの細部は如実に変容します。その条件と変容の実態、さらには両者の関連性という局面を、観察や分析の対象と捉える視座と方法論が「位相」論です。

現代の私たちにも容易に実感できる世代差や地域差などに加えて、かつての日本社会では、社会的階層による言葉遣いの違いが顕著でした。いわゆる士農工商で言葉遣いが違う、僧侶・医者などの知識層はまた違う、町人でも、町家の主と職人と飯炊といった職業ごとに違うことが、その実態を書きとめた資料から明らかになっています。近世的な身分社会の名残も色濃い明治初頭には、同じ内容を言い表すのに、東京のことばでも階級や年齢性別に応じて例えば「あたいにもそれをくんな／私にもそれをちょうだいな／僕にもそれをくれたまえ／わしにもそれをくんねい」など、実に多様な位相的変異が実在していたのです（詳しくは、田中章夫1999等をご参照ください）。

このため、ひとたび口を開いてことばを発すれば、語や表現のバリエーションから、発話者の人物像や経済的・知的階級性までが窺い知れる、という効用もありました。言葉遣いは、いわばプロファイリングに資するステイタス・マーカー。発話者がどういう人物であるかを知る手がかり・目印としての機能を、今の時代以上に担ったわけです（注1）。

漱石アンドロイドを「ホンモノに近づける」というのは、〝しゃべり方の癖をモノマネして、本人の口調を再現する〟という話ではありません。「明治」の「文豪」そして「江戸っ子」の「男性」といった当人の属性（時代性、知的階級性、地域的特性）をその発話に反映させてはじめて、アンドロイドを通じて漱石を〝甦らせる〟ことになるわけです。

漠然としたイメージに関する観念的な話ではありません。当人の属性カテゴリと紐付けられる言語上の位相的指標となる具体的な表現を、発話内容に盛り込むこと。あるいは逆に、その属性に一致しない位相的指標となる具体的な表現を、注意深く取り除くこと。発話デザインにおける〝漱石らしさ〟の再現には、そういった視点が必要となります。

「漱石のアンドロイドなら、ぜひ江戸っ子ふうの〝べらんめぇ調〟を…（しゃべらせて欲しい／聞いてみたい）」というリクエストがイベントのアンケートなどでしばしば寄せられますが、それもこのことと大きく関わります。

標準語とか共通語とか言われる言葉遣い、先の文例に即して言えば「わたしにもそれをください」という日本語は、ことばの位相差を排除しようとして措定されたもの。通用語とも言い、近代国家日本の共通言語として、教育の力によって普及させ、その結果あらゆる階級階層年齢性別地域を超えて広く使われるようになったもので、つまりは、発話者の属性が反映されることを払拭したところに成立する、言ってみれば無色透明な言葉遣いです。その経緯と本質から〝よそ行き〟かつ〝書きことば〟寄りの物言いという位置付けと味わいを持つため、〝漱石らしさ〟が感じられず、物足りないということになるのでしょう（**図1**）。

アンケート類に見られる「講演を聴くだけでなく会話がしてみたい」という感想にも、

（注1）　実在するその働きを逆手に取って、発話者のキャラクタ的特性を戯画的に誇張しながら表示するステレオ・タイプな言葉遣いが、金水 2003 が定義するバーチャルな〈役割語〉です。マンガなどに出てくる博士キャラの「わしは…」「…じゃよ」、お嬢さまキャラの「あたくし…知っててよ」などといった〝お約束〟の物言いは、今日的にはあくまで非現実的な架空の言葉遣いですが、成立の歴史をさかのぼれば元々は現実の位相性を踏まえたものであったことが、金水氏らの研究によって明らかにされています。

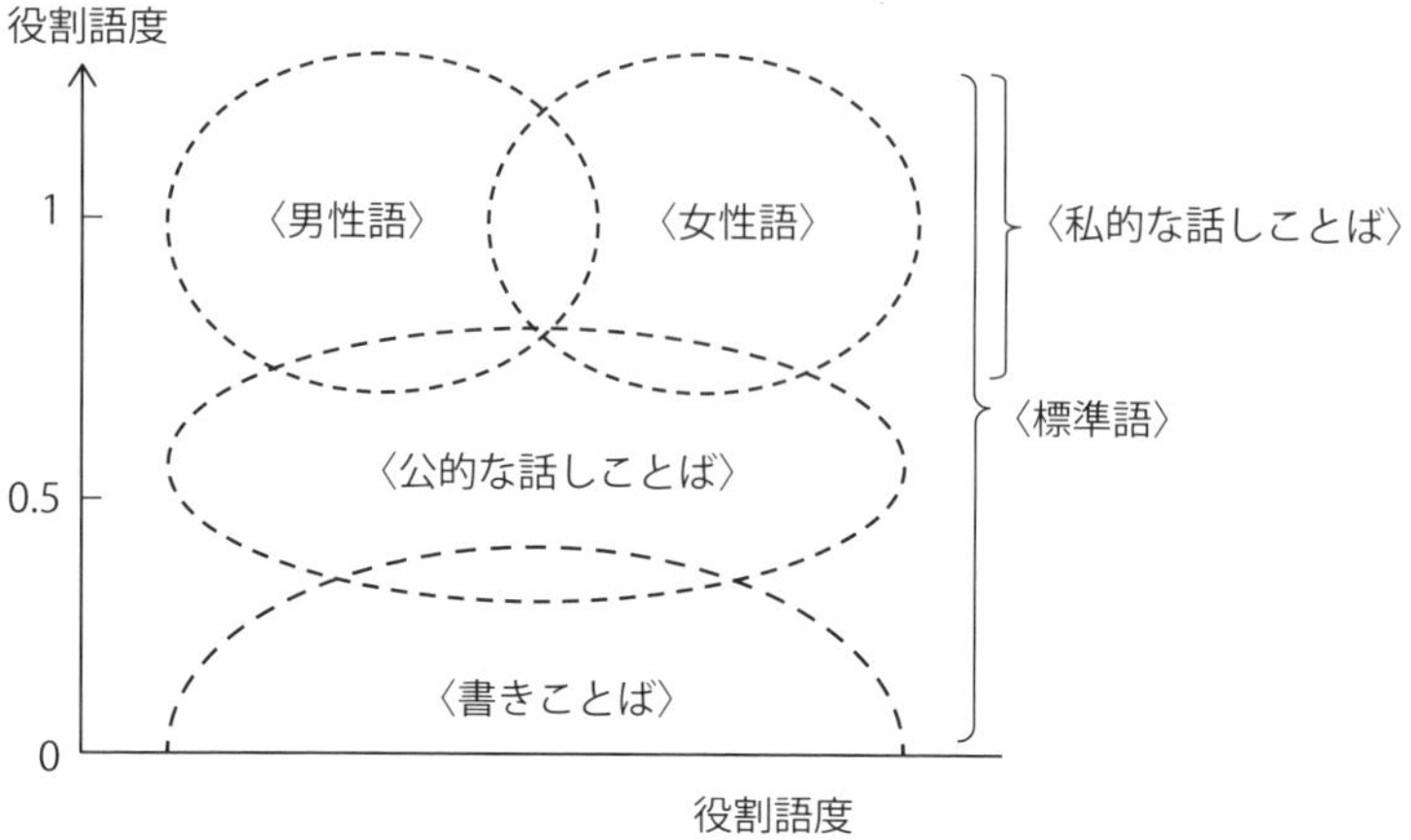

図1　地域差を排除した〈標準語〉における「役割語」の度合いを示すもの(金水2003より)。現状の漱石アンドロイドの発話は、書きことばに近い中性的な“よそ行き”の言葉遣い。発話者の属性を反映せず“漱石らしさ”に欠ける

同様の事情が見て取れます。よそ行きに改まった講演での発話とはひと味違う（はずの）、カジュアルなモードの、〝素に近い〟漱石を（アンドロイドを通じて）感じたい、というのは、〝甦った〟漱石に対する欲求として、当然のことかもしれません。

話し手との関係性や心理的な距離感、発話者のモード（本音と建前の切り替えなど）に応じて、スピーチスタイルを適切に選択し、打ち解けた会話では私的な属性が顔を出すのが〝自然〟な人間のあり方です。アンドロイドの発話行為を「ホンモノに近づける」ためには、個人としての〝漱石らしさ〟の追求と並んで、こういった、

そもそもの〝人間らしさ〟の追求も欠かせません。講演以外の用途に漱石アンドロイドを用いるのであれば、発話行為のデザインにあたっては、そういった場面差に応じた言葉遣いの位相的なスイッチングに関する工夫なども重要となってきます。

ポライトネス理論から見た「発話行為」デザインの重要性（各論2）

漱石として〝自然〟である以前に、人間の言動として〝自然〟であるかどうか。〝漱石らしさ〟以前に、〝人間らしさ〟が再現できるかどうか。現状では課題も多く、限界もあります。その大きな理由のひとつが、以下に述べる二つの側面に関わる問題です。

生身の人間同士のコミュニケーションでは、言語外の項目もインタラクションの重要な構成要素です。ノン・バーバル（非言語）、パラ・ランゲージ（言語の周辺要素）といった繊細な表出機能が実装されていないことから来る〝不自然さ〟は、一つ目の課題です（例えば適切な相づちや頷きなどは〝傾聴〟のサインとして重要な情報伝達を担いますから、それ無しで無表情のままのアンドロイドに睨み付けられては、対話の相手は圧迫感を拭えず、会話が弾むどころか、話していて不安になり、場合によっては萎縮してしまいます。それでは〝自然な〟対話には近づけません）。

これと連動して、対人上のマナーである配慮（ポライトネス）に関する要素をいかに実現させるかが、二つ目の課題となります。

言語研究の術語《ターム》としての「ポライトネス」にも、注釈が必要でしょう。「です・ます」レベルの敬語のことかと誤解されがちですが、専門用語としてのポライトネスとは、話し手の、対話相手に対する〝気遣い〟とでも言える、成熟した社会性としての〝配慮〟に関わる要素や原理を論じるもの（詳しくは、宇佐美２００２等をご参照ください）。そういう配慮とその伝達に関わる言語行動は、複雑なパラメータにより構築される高度なものです。

例えば、立場上〝言いづらい〟内容を伝える場面は、言語外要素をフル稼働させて、口にせず別のやり方で伝える・口に出すにしても申し訳なさそうに伝えるなど、人間の人間〝らしさ〟が最も発揮される部分です。発話行為において言語外要素が十全ではない作りの漱石アンドロイドを、この点で「ホンモノに近づける」のは、至難の業です。実際の事例から、具体例を挙げましょう。

共同研究のひとつとして、漱石アンドロイドを使ったある対面実験が企画されました。実験を企画した共同研究メンバーのひとりは、「著名な文豪である漱石アンドロイドと間近に会話をする機会を得た被験者が、無名アンドロイドとの会話と違って、気分的に高揚したり良いところを見せようとしたりするような作用を、漱石アンドロイドから受ける」、その結果「漱石アンドロイドに促されて自らの考えを述べる中で、ふだんは言わない高尚なことを、やや背伸びをして言ってみたりする」のでは？　という〝仮説〟に基づいて、その〝仮説〟を実証するデータを取りたい、という狙いを持っていました。

被験者の考えを引き出すための質問として実験企画者が設定したのは、漱石自身に関する話題にまつわる問いかけでした。ストーリーはこうです。

アンドロイドとして100年の眠りから目覚め〝甦った〟漱石先生が、自分に関する妙なうわさが今の世に広まっていることに気付きました。本人には身に覚えのないエピソードが、実話のように受け止められ広く知れ渡っているようなのです。困惑した漱石先生は、対話の相手に、折り入って教えを乞います。どうしてそんな話になっているのか知りたい、どうも気になるので、あなたのお考えをぜひ聞かせてほしい、と。

被験者が何か答えると、さらなる別のアイデアを引き出すために、アンドロイド漱石先生は促します。その説明ではよく分からない、今度はもっと具体的に説明してください。そして2度目の説明に対しては、まだよく分からない、今度はもっと客観的に説明してください。そうやって繰り返し漱石先生に尋ねられるうちに、被験者からは本人も予想しなかったアイデアが引き出され、自分でも思いがけない説明が次々と湧いて来る…

実験企画者のもくろみは、そういうものでした。実際はどうだったでしょうか。

予備実験の段階で、このもくろみは暗礁に乗り上げました。理由は、被験者から何種類もの説明が次々と出てくることなど実際にはなかなかなく、むしろ、繰り返し説明のし直しを要求する目の前の漱石アンドロイドに対して、プレッシャーを強く感じたり（頭が真っ白に…）、情緒的な反発（ムッとする）や困惑（これ以上の説明は無理！）、違和感（話の通じなさ・噛み合わなさに対して）などを抱く、という反応が観察されたためです。言葉に詰まり押し黙る、あるいは頭を抱え込む実験中の様子（**写真1**）からも、予備実験終了直後の被験者によるコメント（**写真2**）からも、そういった本音が窺われました。当然かもしれません。

教えを乞う側が、教えてくれた側に対してその説明にダメ出しするなどというのは、生身の人間同士の対話では相当失礼なことに当たります。面と向かって「説明が悪い」と言い、「もっと具体的に」などと要求を重ねるのは、いくら婉曲な物言いに工夫したところで、教わる側の欲求（知りたい・理解したい）を満たすために、教える側にさらなる手間と負担を掛けることになる点で、厚かましくずうずうしい印象を与えがちです。

ポライトネス研究で構造化された原理に照らして説明するならば、発話者が「他者の負担を最小化」し「他者の利益を最大化」すること（気配りの原則 tact maxim）、そして「自己の利益を最小化」し「自己の負担を最大化」すること（寛大性の原則 generosity

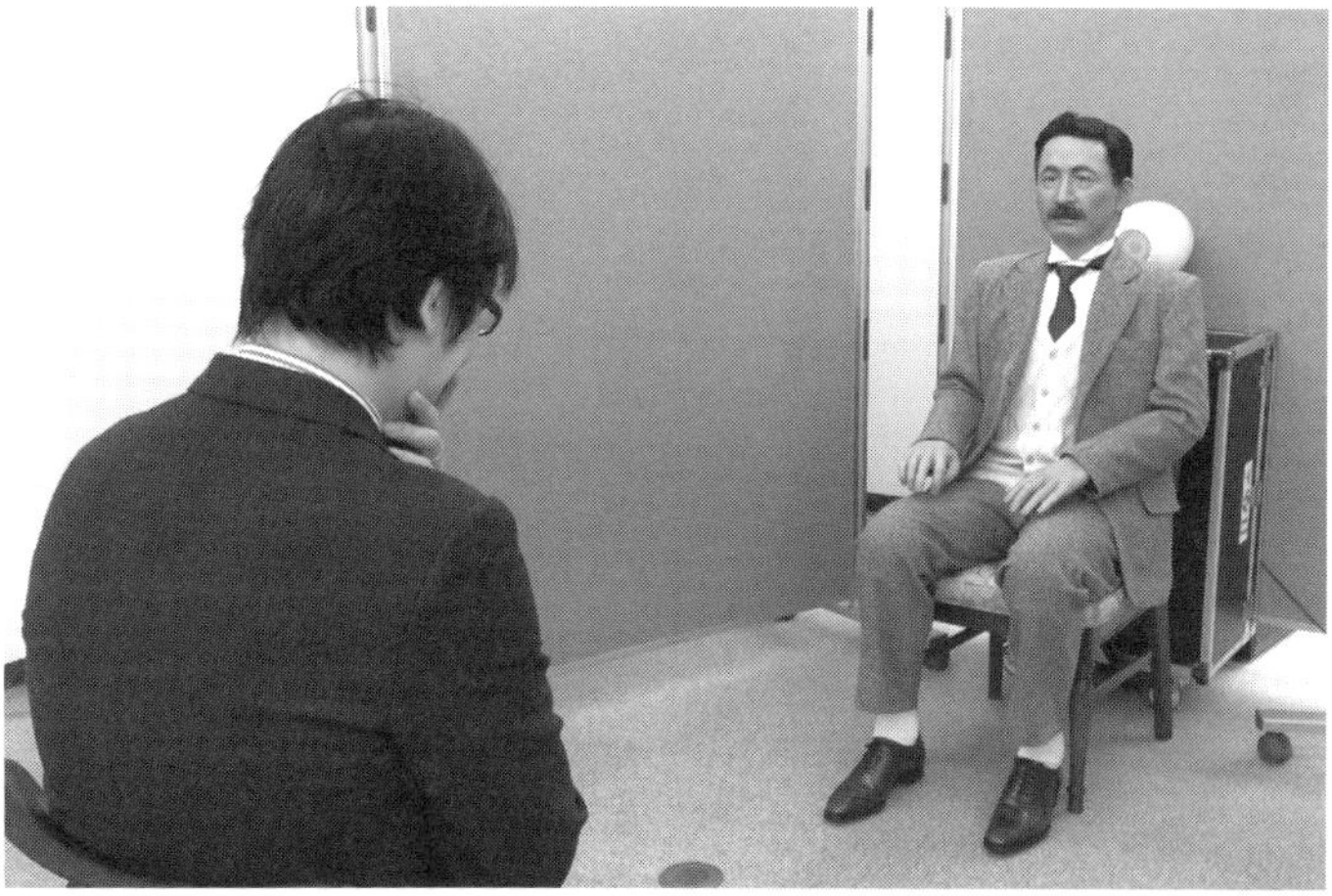

写真１　腕組みをし片手で口元を押さえて押し黙る被験者。漱石アンドロイドの服装や背筋を伸ばした姿勢などの公的なスタイルも、威圧感に荷担する要素（和装をさせ座卓にもたれかかるようなくつろいだ姿勢だと、もっと打ち解けやすいかもしれない）

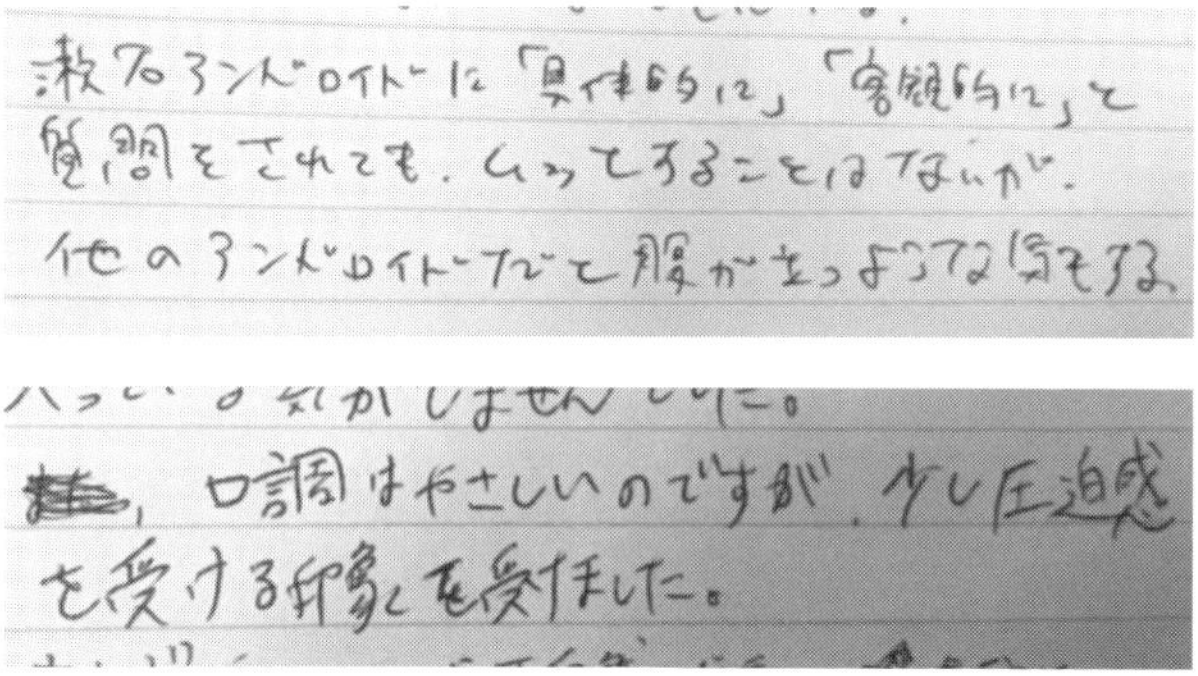
漱石アンドロイドに「具体的に」「客観的に」と
質問をされても、ムッとすることはないが、
他のアンドロイドだと腹が立つような気もする。

、口調はやさしいのですが、少し圧迫感
を受ける印象を受けました。

写真２　予備実験直後に被験者が記した自筆コメントより。やりとりを通じた感想に、情緒的な反応など重要な心理的反応が現れた（口調がやさしくていねいでも、打ち解けた対話のためには何かが足りない）

maxim）という二つの重要な原則に反して、「他者の負担を増やしてまで自己の利益を最大化」しようとする発言になっているから、ということになるでしょう（詳しくは、リーチの理論を援用した山岡ほか2010等をご参照ください）。理解のために自ら努めることなく相手の負担を繰り返し要求する言動には、ポライトネスが欠けているため、相手への配慮を滲ませた〝礼儀正しさ〟にはほど遠く、生意気な礼儀知らず、または権威を笠に着た高圧的な（俗に言う〝上から目線〟の）物言いに写ります。〝中の人〟が用意したセリフを言わされているだけなのに、漱石にとってはなんとも不名誉なことになります。

文豪として敬われる存在であること、無表情で合成音声の機械的な口調であることだけでも、漱石アンドロイドには威圧感が否めません。被験者の説明した内容に一切触れることなく重ねて繰り出される漱石アンドロイドの一方的な問いを「まるで圧迫面接のようだ」と感じて「イヤな汗をかいた」被験者が複数いたことは、納得できる話です。

「権威ある文豪アンドロイドによる圧迫面接まがいの詰問によって被験者に起こる身体的な反応を、心拍数や発汗量等のデータから分析する」実験なら、これで良いでしょう。作りものに過ぎないアンドロイドと頭では分かっているのに、まるで生身の人間を相手にしたように生理的な反応が起こる…という結論なら上出来です。しかし、実験者が期待した「文豪アンドロイドならではの、対話による作用や効果」を実証したいのなら、この実験は失敗です。あくまで〝会話が弾む〟方向に固執し、それをかなえる実験を行いたいのなら、失敗から学ぶしかないでしょう。より〝自然な〟〝人間らしい〟発話行為をアンドロイドにさせて、被験者がリラックスしていろいろな考えを浮かべることが出来るようにするには、発話内容そのものだけでなく、対話の場面を取り巻くさまざまな要素を含めた総合的なデザインの、抜本的な改訂と再構築とが必要となります。そこには先ほど「各論１」の末尾で述べた「場面差に応じた言葉遣いの位相的なスイッチング」（１２５ページ）も含まれることでしょう。

相手の説明が分かりにくくても、教わる側としてそれを口にすることが憚られる場合は、代わりに「参ったな…言ってることが分からないぞ？」という困惑や、どう伝えれば…という苦悶を、（儀礼的なポーズとしてでも）表出するなどの方法が取られます。「手を口元に当てて相手から視線を外し（独り言モードで「自分の世界に入る」サイン）、目を伏せて眉をしかめながら、うーむ…と小さく唸る」などの行動を取る場合もあるでしょうし、「申し訳ないのですが…」と恐縮を滲ませながら、声帯を締めた〝力み〟を含む発声とともに言い淀みを織り交ぜつつ言いづらそうに伝える場合もあるでしょう（本来は生理的な〝力み〟や〝空気すすり〟などがパラ・ランゲージとしての機能を持つことについては、定延２００５をご参照ください）。どこまでも「ホンモノに近づける」のであれば、そんな機能も実装してほしくなりますが、現実的には無理でしょう。発話・発声の基本は、アンドロイドが行うことのない〝呼吸〟という生理的な営為の二次利用だからです。

アンドロイドの限界とどう付き合うか（終わりに）

講演用に作られたアンドロイドに対面の談話行為は向いていませんから、「仕様に応じた用途に限定する」などの折り合い方が現実的かもしれません。それも含めアンドロイドの発話デザインには、「台本書き」のレベルや音声調整のレベルなど単なる「セリフ監修」にとどまらない「発話行為」全体の構想と設計とが必要となります。本稿でデザインの対象をアンドロイドの「発話行為」と一貫して呼んできたのは、まさにそのことの反映です。

「誰が漱石を甦らせる権利を持つか」という問い掛けに即して言えば、発話デザインを手掛ける人間の側にも、おのずと適性が問われることになります。日本語表現のバリエーションをメタ的に俯瞰し、位相に即して適切な物言いを選択して発話を構築するのが理想的ですが、そこまで求めずとも、ネイティブレベルで常識的な日本語を使いこなせることは必須でしょう。この場合は、権利よりは責務に近いものとなります。

ただ、そのようにデザインされたアンドロイドがあくまで〝中の人〟の解釈による一つのバージョンに過ぎないこともまた事実です。人格デザインに至っては、多面性を持つ実在の人物の、ある側面を切り取って取り上げたもの。冒頭に述べたとおり、〝似せ物〟に過ぎないわけで、漱石本人ではありません。パブリックイメージとの摺り合わせという問題もあり、講演用・談話用…と仕様の異なる漱石アンドロイドが何体か作られても良いとの発想もあり（姿勢や稼働部分がまるで違ってくるだろう、という議論もありました）、「漱石アンドロイド・二松版ver.XX」のようなバージョン明記が必要かもしれません。そうすると、バージョン違いで漱石を甦らせる権利は「誰もが持つ」との答えも見出せることになります。

「アンドロイドの発話行為を、どこまでホンモノに近づくようにしたものか」という冒頭のもう一つの問い、「どこまでホンモノに近くするのが良いのか・近くするべきなのか」については、立場や理念によって温度差もあり、一定の解は見出しづらいように思われます。アンドロイドが人間に近づくのか、人間がアンドロイドに歩み寄るのか、という問題もあるでしょう。生身の人間でも対人スキルに困難を抱えた人はいますし、そういう非定型発達も含めた多様性への理解が進む包括社会到来の時代においては、インクルージョンの対象には、不器用な発話行為が個性であるアンドロイドも含まれるのかもしれません。

一方、研究開発のために機能や仕様の改善・向上を真剣に目指すのであれば、アンドロイドだからしょうがない、出来なくて当然、求めるのが筋違いなどと開き直るのも、ちょっと違うでしょう（「アンドロイドを甘やかさない」という言い方をした共同研究メンバーもいます）。

夏のシンポジウムを機に、「アンドロイドに〝時間軸〟をいかに内蔵させるか」という、いかにも人文的な発題もありました。老いや変容などを宿してこそ、まさに命を吹き込むことになる、という考えです。〝メタ合意〟なき共同研究が、なんらかのささやかな成果を生むとすれば、そういった本質的な議論にヒントがあるように思われます。漱石アンドロイドを通じて見えてきたものとしては、それがいちばん大きいことと言えそうです。

宇佐美まゆみ（２００２）Discourse Politeness in Japanese Conversation : Some Implications for a Universal Theory of Politeness（ひつじ研究叢書 言語編）ひつじ書房
金水敏（２００３）『ヴァーチャル日本語〈役割語〉の謎』岩波書店
定延利之（２００５）『ささやく恋人、りきむレポーター　―口の中の文化―』岩波書店
田中章夫（１９９９）『日本語の位相と位相差』明治書院
山岡政紀・牧原功・小野正樹（２０１０）「コミュニケーションと配慮表現　日本語語用論入門」明治書院

6 アンドロイドとのコミュニケーションと体験の価値
アンドロイド×ビジネス

小山　虎・小川　浩平

私たちの社会にはすでにさまざまなロボットが入り込んでいます。例えば、ルンバに代表される掃除ロボットは、マスプロダクトとして実際に市場で販売され、誰もが知っている商品カテゴリーとなっています。ロボット技術は今後さらに社会への応用が進み、より日常的な存在になっていくことが予想されています。

そのようなビジネスプロダクトとしてのロボットにとって大きな課題となっているのがコミュニケーションです。人は社会的な動物であり、常に他者との関わり合いを必要としています。このことは、インターネットに代表されるように、新たに開発された技術が常に何らかの形でコミュニケーションに応用されることからも理解することができるでしょう。特に近年は、音声認識技術の進歩により、音声で操作できるスマートフォンやスマートスピーカーが登場しており、同様に音声によるコミュニケーションが可能なロボットの登場が期待されています。

しかし、音声がコミュニケーション手段の一部でしかないことには留意する必要があります。私たちがふだん行っているコミュニケーションでは文字や音声が用いられていますが、実はそれに加えて、身ぶりや表情、視線などのさまざまな手段が用いられています。電話で会話するのと実際に面と向かって会話するのとでは大きく違うということはみなさんも良くご存知でしょう。「インターネット上のコミュニケーションでは相手の顔が見えない」などと言われるのは、まさにこうした点に関わっています。

アンドロイドは極めて人間に近い見かけをしています。このことから、アンドロイドには、他のロボットよりもコミュニケーションに関する優位性があると考えられます。人間にとって最適なコミュニケーション・インターフェースは人間です。なぜなら、人間であれば、他のものでは不可能なリッチなコミュニケーションが可能だからです。しかし、アンドロイドであれば、従来のロボットでは実現できていない、文字や音声以外の手段も用いたリッチなコミュニケーションが可能になることが期待できます。つまり、アンドロイドには、従来のロボットでは不可能だったコミュニケーションを実現することで、さまざまなビジネス場面で使用されるようになるポテンシャルがあると考えられるのです。

しかし、現時点のアンドロイドはまだその段階には達していません。本稿では、大阪大学石黒研究室で行われてきた研究を手掛かりに、アンドロイドが今後どのようなビジネス場面で用いられるようになるかについて、その技術的課題と社会的課題をコミュニケーションの観点から考えていくことにします。

ショーウィンドウに佇むアンドロイド

最初に取り上げたいのは、新宿タカシマヤで行われた実験です（渡辺ほか2015）。この実験では、女性型アンドロイドをショーウィンドウの中に設置し、文字や音声は用いず、動きや表情による感情表現だけで、来場者がどのように振る舞うか、アンドロイドをどのように捉えるかを検証しました。本実験でアンドロイドに実装された基本機能は極めて限定されており、次の三つです。（ｉ）まばたきや呼吸、微細な全身運動など、とりたてて何かをしているわけではない場面でも実行される機能。（ii）誰かが近寄って来たり、手を振ったりするなど、何か注意を引くような動作が向けられた場合にそちらの方向を見る、という注視機能。（iii）感情の変化に合わせた表情の変化機能。もちろん、アンドロイドに人間と同等の感情が備わっているわけではなく、感情に相当するパラメーターを状況に応じて既存の感情モデルに基づいて変化させたものです。

来場者の多くは、少し離れた場所から観察している際はアンドロイドを動くマネキンのように捉え、写真や動画を撮っていました。しかし、アンドロイドに近づき、表情やアイ

写真1　ショーウィンドウの中のアンドロイド

コンタクトなどの振る舞いに気付いた時、手を振ってみる、ウィンドウをノックしてみる、といったさまざまな方法で対話をしようという試みることが観察されました。興味深い行動として、アンドロイドに対して、言語ではなくジェスチャーで写真を撮る許可を得ることを試みる来場者も数多く観察されました。

以上の結果が示唆しているのは、単なるマネキンや物珍しい展示物とは異なり、音声以外のコミュニケーションが可能な存在としてアンドロイドが扱われていた、ということです。本実験でアンドロイドをショーウィンドウの中に設置したのは、現時点では人間と同等のコミュニケーション機能を実装することが事実上不可能であるという技術的課題もさることながら、来場者がアンドロイドと自由に接触できるようにした場合に発生が予想されるトラブル（これには、アンドロイド自体の安全と来場者の安全の両方が含まれます）を避けるためでした。しかし、ショーウィンドウの中という設定により、コミュニケーション手段の制限が来場者にもよく見えるようになりました。さらに、そうした制限下でもコミュニケーションが可能であるということが伝わると、来場者が自然に音声以外のコミュニケーション手段を用い、視線や表情の変化だけで感情を読み取るようになったという効果があったと考えられます。加えて、本実験が実際の商業施設で行われたということは、類似の環境であれば同様のことが再現可能であることが示唆されます（実際、石黒研究室では、別の商業施設で、ショーウィンドウ以外の制限下で実験を行い、同様の結果を確認しています）。

販売員としてのアンドロイド

次に取り上げるのは難波タカシマヤで実施したアンドロイドを用いた対面販売です（Watanabe et al. 2015）。現在利用可能な音声認識技術や音声対話システムは、さまざまな騒音が発生し、かつ自由な発言が可能な百貨店という状況で、対面販売を行うにはまだ十分でないと言わざるをえません。本実験では、タッチディスプレイを用いた会話システ

写真2　タッチディスプレイを使ってアンドロイドと会話する利用者

ムを実装しました。この会話システムでは、アンドロイドからの発話に対して、利用者（顧客）はタッチディスプレイ上に表示された複数の項目から発言を選択します。選択がなされると、顧客の音声の代わりに、タッチディスプレイは選択された項目を読み上げます。つまり、利用者の選択に合わせて、アンドロイドとタッチディスプレイの間で音声による会話が成立することになります。

タッチディスプレイによる利用者の選択項目の読み上げは、コミュニケーションという観点ではさまざまな点で興味深いものでした。ひとつだけ例を挙げましょう。自分が事故や病気などで音声がうまく発声できなくなったという状況を想像してください。もちろん、メールやＳＮＳなどで文字コミュニケーションを行っている際は問題ありません。しかし、商業施設に行った時などに、このようなタッチディスプレイで販売員と会話ができるとしたら、読み上げありのシステムの方を選びたくなるのではないでしょうか。読み上げありのシステムも読み上げなしのシステムも機能面では大差ないのですが、会話において相手が言葉を発しているのであれば、自分も言葉を発している方が自然です（逆に、相手が言葉を発していないのであれば、自分も言葉を発することなしにコミュニケーションする方が自然です）。コミュニケーションには、単なる情報のやりとり以上のことが含まれることが、このことからもわかります。

本実験では、紳士服売り場にアンドロイドを設置し、12種類の紳士用シャツを販売しました。13日間のフィールド実験の結果、アンドロイドによる売り上げは、同じフロアの紳士服売り場の女性販売員24名の売り上げ成績と比べて6位に相当するものでした。実際の女性販売員はアンドロイドと比べて約10倍の種類の商品を取り扱うことができ、またアンドロイドは移動できないという制約があったにも関わらず、このような結果になったということは、アンドロイドによる対面販売の実用性が示されたと考えても良いのではないでしょうか。

一方で、本実験により浮かび上がった新たな課題もあります。例えば、アンドロイドによる対面販売システムの売り上げが人間の販売員を上回るようになった時、際限なく売り上げを伸ばして良いのでしょうか。少なくとも、顧客一人当たりの売り上げには何らかの制限が必要でしょう（あまりに巨額の買い物をしようとする顧客がいれば、まともな販売員なら不審に思うでしょう）。ですが、いくらまでなら適切なのでしょうか。どのような基準で売り上げの上限を決めるべきなのでしょうか。また、未成年への販売はどうするべきでしょうか（タッチディスプレイを用いるため、年齢を尋ねてもウソを答えるかもしれません）。未成年でなくても、若者への売り上げの制限は多少厳しくすべきでしょうか。こうした課題には技術的な要素もありますが、それ以上に社会的課題の側面を無視すべきではありません。なぜなら、「アンドロイドによる適切な対面販売はどうあるべきか」という問題に対する社会的合意が関わってくるからです。

ライブストリーミングメディアにおけるアンドロイド

最後に取り上げるのは、ライブストリーミングメディア、特に視聴者がテキストによるリアクションが可能なメディアにおけるアンドロイドの実用性です（窪田ほか２０１８）。本実験は、さまざまな技術的困難さを回避したうえで対話可能なアンドロイドを実社会に応用できる状況として、ニコニコ生放送（http://live.nicovideo.jp/）というプラットフォームで行われました。ニコニコ生放送はインターネットライブサービスであり、手軽に生放送を配信することができます。配信を見るユーザーはコメントを投稿することで配信者とリアルタイムな対話をすることができます。つまり、ユーザーの発話はテキストデータになるため、音声認識が不要となります。また、ニコニコ生放送は映像配信が可能であるため、音声以外のコミュニケーションを行うことが可能です。さらに、上記の対面販売とは異なり、複数のユーザーとの対話になることから、新たなアンドロイド活用場面となっています。

対面販売との最大の違いは、ユーザーの発言が自由である点です。対面販売では顧客の発言はタッチディスプレイでの選択項目に制限されていたため、予想外の発言は生じず、不自然な応答をしてしまうことは容易に回避できました。しかし、ニコニコ生放送のユーザーの発言は、テキストデータではあるものの、極めて雑多です。そこで本実験では、まずはアンドロイドを手動で操作して映像配信を行い、そこで発生したユーザーとの対話を収集し、収集したデータを利用して、ユーザーのさまざまな発言に対して自動的に適切な応答を返すシステムを作成するという作業を事前に行いました。そしてニコニコ生放送にて公開記者発表会を開催し、そこでは作成した自動応答システムを用いてユーザーとの対話を行いました。

しかし、実験結果は意外なものとなりました。まず自動応答システムによる対話は、収集したデータ量や作成されたパターン数が同程度である他の自動応答システムと比べると、満足度が高いものとなりました。このことは音声以外のコミュニケーションが影響していると考えられます。一方で、対面では大きな役割を果たしていた微妙な表情の変化が映像でははっきりしないために、それほどは大きな差には結びつきませんでした。このことは、より大きな身ぶりや表情の変化を実現する必要があるという点で技術的課題であることは間違いありませんが、実はこの点は、すでに映画で実現されているようにコンピューター・グラフィックスを用いれば容易に解決できます。しかし、当然ながらそうすると、アンドロイドである意味は失われます。テキストで対話が行われるライブストリーミングメディアはアンドロイドの活用に向いていると考えられましたが、映像メディアで実際にアンドロイドを使うことは再考を要するということが示されたと言ってよいでしょう。

ただし、このことはアンドロイドの価値がどこにあるかを示唆するという点で貴重です。おそらくアンドロイドの価値は、ユーザーの「体験」にあります。実際に自分の目で見て、自分の耳で声を聞くことができ、息遣いや微妙な表情の変化までそれとなくわかる場面で初めて、アンドロイドの真価が発揮されます。考えてみれば、アンドロイドによる

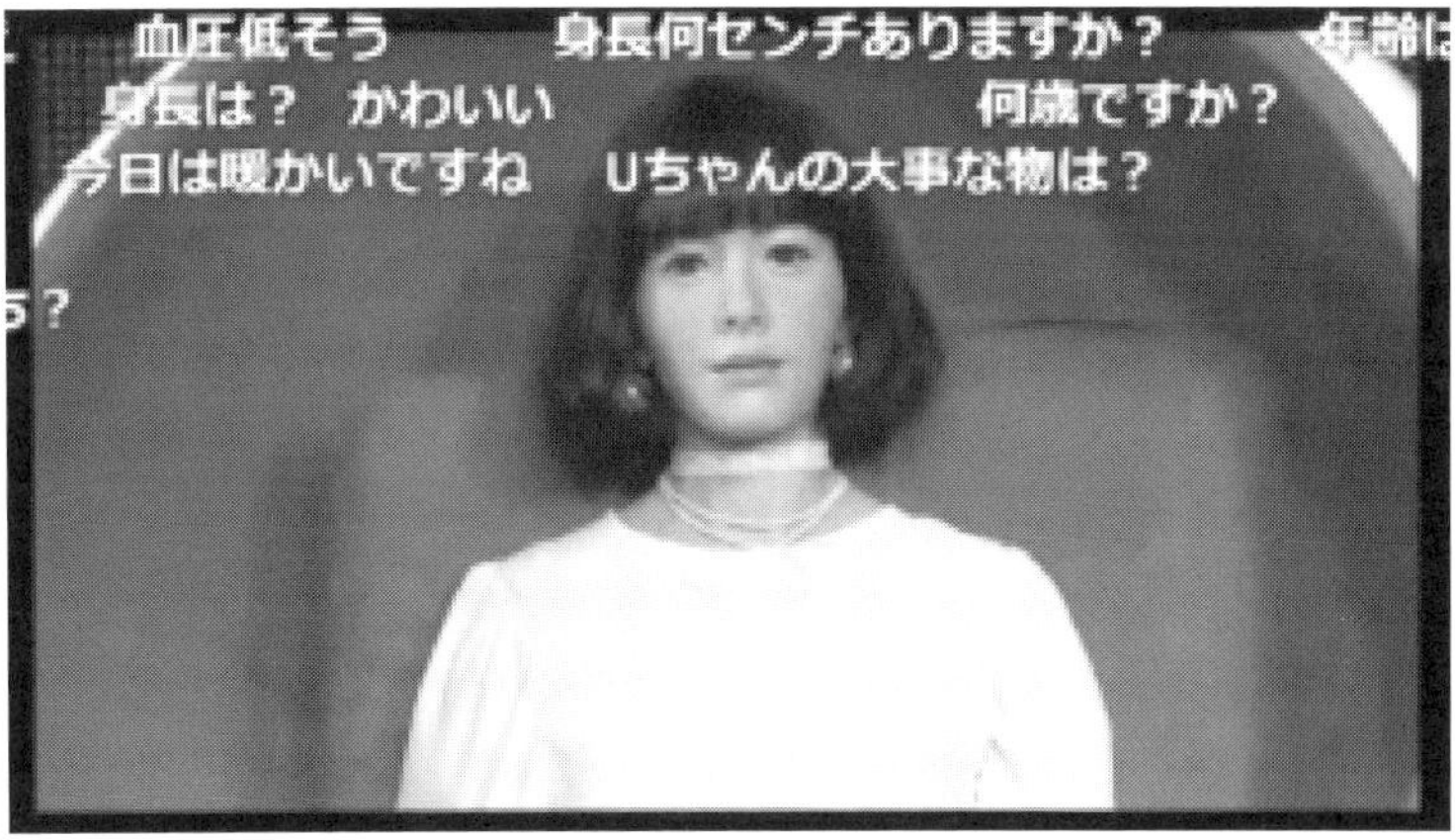

写真3　ユーザーとアンドロイドの対話の放送場面

対面販売では、一方的に商品を買わせようとするのではなく、顧客に一定の体験を与えていました（そしてこのことは人間の販売員にも当てはまります）。また、本稿では触れませんでしたが、演劇などのアートにおいてアンドロイドが活用されてきたことも、そこでは体験が重要だと考えれば説明がつきます。

アンドロイドが与える体験とその価値

こうした「体験の重要性」は近年注目を集めています。例えば音楽ビジネスでは、ＣＤ売り上げが減少し、音源の配信もそれを上回るには至らない中で、ライブやコンサートの集客は増大を続けています。純粋に音楽を聴くのであれば自宅の方が適している場合も多いはずです。にもかかわらずライブの集客が増えているのは、それに伴う体験が重視されていると考えられています。アンドロイドが活用されるビジネスの場面を考える際には、アンドロイドによってどのような体験を与えることができるのかをきちんと検討しておくことが鍵となるのではないでしょうか。加えて、不快な体験や社会的に許容されない体験をいかにして避けるのかという課題も忘れてはならないと思われます。

これまでロボットはその機能によって評価されてきました。アンドロイドとビジネスについて語る際も同様に、まずは機能面の評価が出発点となるでしょう。しかし、アンドロイドの本当の強みは機能ではなく、体験にあります。技術的課題や社会的課題に関しても、アンドロイドと接することで得られる体験にどのような価値があるのかという観点から、まずは検討されるべきでしょう。

文献

渡辺美紀，小川浩平，石黒浩，（２０１５），公共空間における情報提供メディアとしてのアンドロイド，日本バーチャルリアリティ学会論文誌，20（1），15‐24．
Watanabe M., Ogawa K., Ishiguro H.,(2015), Can Androids Be Salespeople in the Real World?, Proceedings of the 33rd Annual ACM Conference on Human Factors in Computing Systems

(CHI2015), 781-788.

窪田智徳，小川浩平，石黒浩（２０１８），不特定多数のユーザが随時発話可能なライブストリーミングメディアにおけるアンドロイドロボットを用いた雑談対話システムの実現と評価，人工知能学会誌，33（1），DSH-G_1-13.

第4章

アンドロイド基本原則はどうあるべきか

構成：谷島　貫太

「誰が漱石を甦らせる権利をもつのか」。これは、2018年8月26日に二松学舎大学にて文豪夏目漱石のアンドロイド、通称漱石アンドロイドをめぐって開催されたシンポジウムのテーマとして掲げられた問いです。大阪大学の石黒浩研究室では、架空の人物から有名人まで、さまざまな対象をモデルとする多様なアンドロイドを制作してきましたが、制作時点ですでに故人となっている人物をモデルとするのは漱石アンドロイドがはじめてでした。その際に持ち上がったのは、誰に許可をとればいいのか、という問題でした。まさに、誰が権利をもつのか、ということが問題になったのです。モデルが生きていれば、本人に確認をとればよいでしょう。しかしその本人がいないとなると、許可と権利の問題はとたんに複雑になります。幸い夏目漱石の場合には、本書にも登場する夏目房之介氏を含む遺族の了解をとりつけることができ、制作をすすめることができました。ただしこれは幸運なケースであり、そうでないケースがあってもまったく不思議ではありません。

故人となった偉人と呼ばれる人物のアンドロイドを制作する際に、もし遺族がいる場合にはその遺族の承諾を得る必要がある、と考えるのは自然なことでしょう。ただ改めてよく考えてみると、偉人のアンドロイドを制作する（またそれを許可する）権利は遺族が有している、ということはけっして自明な前提ではありません。著作物であれば、その権利の範囲は著作権法によって明確に定められており、著作者が故人となった場合には遺族が権利を有することになります。しかし、アンドロイドを作る権利が誰にあるのか、ということを定めた法律など当然ありません。では、なにを判断の拠りどころとすればよいのか。

法律の問題を超えてより一般的な次元で考えるならば、ここでわたしたちが直面しているのは、社会で広く共有された偉人の存在は、遺族（あるいは特定の誰か）のものかそれとも社会のものか、という問いだといえます。夏目漱石は、遺族のものなのか、それとも社会のものなのか。実際には、着地点はその両極にはさまれた広大な中間領域のどこかにあるはずです。本章で掲げられているのは、その中間領域のある地点に仮のラインを引くことを試みるガイドラインです。これをわたしたちは「偉人アンドロイド基本原則」と呼ぶことにしました。

その内容は、シンポジウム「誰が漱石を甦らせる権利をもつのか」で繰り広げられたさまざまな議論をとりまとめたものとなっています。基本原則①と④は、福井健策弁護士による提案がベースとなっています。その主張の詳細については第3章3節の福井健策「アンドロイドに権利はあるのか？　それは誰が行使するのか？」を参照ください。基本原則②は大阪大学の石黒浩教授の提案がもとになっています。こちらもその詳細については第

3章4節の石黒浩「アンドロイドによる進化」を参照ください。基本原則③は二松学舎大学の谷島貫太専任講師の提案および二松学舎大学内で積み重ねられてきた議論がもとになっています。また、この基本原則案を補い拡張するものとして、シンポジウム終了後に公開された、漱石の孫である夏目房之介氏による「疑義」も合わせて掲載しています。

この基本原則を掲げることには、実用的なねらいがあります。ガイドラインはさまざまな挑戦を規制したり抑圧したりするためのものとは限りません。むしろその逆で、法律によって禁止領域を明文化する手前の段階で、一定の自由の領域を確保するためにもガイドラインは作られます。社会的な合意として、最低限踏まえておくことが望ましい基準を共有しておくことで、その範囲内では萎縮することなく自由な試みを展開していくことができるのです。この基本原則を踏まえておけばそのつど遺族や関係者に確認を取らなくてもよい、という社会的な合意の萌芽となることをわたしたちはこのガイドラインに期待しています。

この基本原則には同時に、「アンドロイドと共に生きる未来」に向けてより具体的に想像力を羽ばたかせていくための土台としての役割も期待しています。社会にアンドロイドがどのように入ってきてどのような存在になっていくかという見通しは、まだ大きく開かれた可能性の段階にあります。そうしたなかで、アンドロイドの制作と運用にかかわる具体的な諸場面を想定したガイドラインを提起することで、未来をより鮮明にイメージしていくための足場となるとわたしたちは考えています。そのため以下の原則案では、できるだけ具体的な事例を挙げていくよう心がけました。

もちろんこれは一つの出発点にすぎません。ここで掲げているのは、偉人のアンドロイドを制作し、運用していく際の基本原則です。しかしそこからさらに進んで、当然ながらアンドロイド一般をめぐる基本原則も検討される必要があるでしょう。ここを起点として、活発な議論が巻き起こることをわたしたちは願っています。

偉人アンドロイド基本原則①

アンドロイド制作の自由原則

故人・遺族の名誉やプライバシーを尊重する限り誰のアンドロイドを制作してよい

漱石アンドロイドの制作にあたり、制作チームは夏目房之介氏を含む遺族の了解をとりました。しかし、アンドロイドを制作するにあたっては必ず遺族による完全な了解を取らなければならないということになると、時にアンドロイド制作そのものが困難となる場合も考えられます。遺族にあたる関係者が多くなればなるほどそのリスクは高まります。また、遺族の所在がわからず了解が取れない場合には、その時点でアンドロイドの制作が不可能になってしまいます。実際、著作権の領域では、著作権者が見つからない作品、いわゆる孤児作品が死蔵されてしまうという事態が大きな問題となっています。このような事態を避けるためわたしたちは、故人・遺族の名誉やプライバシーを尊重する限りにおいて、遺族の了解を得ずとも誰でも自由にアンドロイドを制作する権利を有することを主張する「アンドロイド制作の自由原則」を提案します。

第3章の福井論文で詳しく説明されているように、故人のアンドロイドを制作する際に、現行法で抵触しうるのは肖像権です。ただし肖像権の根拠は人格権にあり、死亡とともに本人の肖像権は消失すると考えられるので、より直接に問題となるのは遺族の人格権です（第3章の福井論文98ページを参照）。身近な故人の肖像が望まない形で用いられ、遺族の感情が著しく損なわれた時、遺族の人格権の侵害が生じたとみなされる可能性があります。常識的にも、身近な遺族が存命である状態で個人の肖像を粗雑に扱うことは、多くの人に違和感をもたらすでしょう。それゆえアンドロイドを制作する際に、遺族の名誉やプライバシーを尊重することは必須であると考えられます。しかしこのことは、遺族に許可を求めることとは異なります。この基本原則において求められるのは、故人・遺族の名誉やプライバシーを尊重する姿勢という、より幅のある概念です。

実際に名誉やプライバシーが守られているかどうかは、アンドロイドが制作されたあとの個々の場面で判断され、場合によっては争われることもあるかもしれません。しかし、アンドロイドの制作に対して事前に高いハードルを課してしまうとアンドロイド技術の発展にとって妨げとなってしまう可能性があります。名誉やプライバシーを尊重する姿勢を求めた上で、あくまでもアンドロイドの制作そのものは自由に行えるのが望ましいとわたしたちは考えます。

偉人アンドロイド基本原則②

アンドロイド運用の自由原則

偉人本人の社会的人格を尊重する限りアンドロイドに何をさせてもよい

偉人という存在は、社会における傑出した肯定的価値を体現する、いわば公的で社会的な人格として形づくられます（第3章石黒論文の111ページを参照）。そしてそのような社会的人格は、さまざまな公的な記録によって裏付けされています。そのためその社会的な人格のイメージは、社会のなかで広く共有されています。もちろん、どのような人物にも私的な側面はあります。しかしそうした個人的（パーソナルな）人格は、身近なごく限られた人しか知りえず、また身近な人であってもその人のすべてを知っているわけではありません。社会的な人格に比べて、個人的な人格については一般的な了解を作ることが相対的に困難な理由がここにあります。

漱石アンドロイドによる語りや振る舞いを組み立てることでわたしたちが再現しようとしたのは、まずはすでに広く共有されている漱石の社会的なイメージでした。これを実現するため、専門家が既存の資料のなかに根拠を見いだせることを確認しながら個々の発話や振る舞いを作り上げていきました（第２章山口論文を参照）。ただし、漱石アンドロイドの発話をより効果的にし、受け手により強い印象を与えるためには、たんに社会的人格としての偉人のイメージだけを再現するだけでは不十分です。個人的で親しげな、聞き手に直接語りかける調子を盛り込むことによって、実際の発話はより効果を高めます（第３章島田論文を参照）。しかしそのためには、いくらでも解釈が分かれてしまう漱石の個人的な人格という領域に踏み込んでしまいます。

そこでわたしたちは、偉人アンドロイドの社会的人格を尊重する姿勢を示す限りにおいてアンドロイドには何をさせてもよいという「アンドロイド運用の自由原則」を提案します。たとえ個人的な人格の解釈に踏み込んだとしても、それが当該の偉人の既存の社会的人格と衝突するものでなければ、発話と行為を自由に作りだしてよいという原則です。ただし、社会的人格の尊重を補うものとして、次の付則を付け加えたいと思います。

②－１　付則：ただしアンドロイドによる行為や発言がフィクションであることを明示しなければならない

漱石アンドロイドを制作し、実際に社会のなかで活動させていくに際して特に慎重を期したのは、漱石が実際には言っていないことをアンドロイドに語らせることで、漱石が実際にそのように言ったと誤解させないようにする、ということでした。また、アンドロイドに語らせることで特定の意見や主張を受け手に押しつけることがないようにも注意しました。偉人のアンドロイドを運用する際には、こうした歴史のねつ造・歪曲や、特定の立場の強化に使われる、ということを避ける必要があります。そのためには、アンドロイドによる行為や発言がフィクションである場合にはあらかじめそう明示しておくのが望ましいでしょう。また同時に、そのような明示を伴うことを条件としてアンドロイドの行為や発話にある程度の自由を与える、という態度がアンドロイドの可能性を十全に花開かせることにつながると考えます。

偉人アンドロイド基本原則③　アンドロイドの尊厳原則

偉人アンドロイドは公的にはあくまでも人として扱われなければならない

アンドロイドは、客観的に見ればひとつのモノです。しかしそれは、人の形をして人の言葉を話す、限りなく人間のようなモノです。実際わたしたちは、漱石アンドロイドをただのモノとはみなしません。たとえばもし漱石アンドロイドが衆目の面前で誰かに殴られたりしたとすると、それを見る人たちは「痛そう」だとか「可哀そう」だとか感じるでしょう。客観的には漱石アンドロイドには心が備わっていなかったとしても、わたしたちは主観的には漱石アンドロイドに心のようなものを投影してしまうのです。

アンドロイドのうちに投影された心を尊重することが望ましいと主張する原則を、わたしたちは「アンドロイドの尊厳原則」と呼びます。これは、アンドロイドはモノとしてではなく人として扱うのが望ましい、とする原則です。現在の技術では、アンドロイドは自分で移動することができません。漱石アンドロイドが移動する際も、車いすに乗った漱石アンドロイドをスタッフが押していくことになります。その姿は、見る者に漱石アンドロイドのモノとしての側面を強く意識させてしまいます。そのためわたしたちは、講演などで漱石アンドロイドに登場してもらう際には、最初から舞台上に待機してもらうか、明転と同時に登場してもらうか、あるいは仕切りを置いてスタッフに押される姿を極力見せないようにします。モノとしての姿を衆目にさらすことは、漱石アンドロイドの尊厳を損なってしまうと考えるからです。

シンポジウムに参加したある観客が、漱石アンドロイドは最初はあまり人間に見えなかったが時間が経つにつれどんどん人間に見えてきて驚いたと書いていました。アンドロイドは、たしかに時間の経過とともにわたしたちに馴染んでくるのです。シンポジウムでは、ほかの登壇者はときおり漱石アンドロイドに目線を送っていました。討論のパートでは、ほかの登壇者とテーブルを囲み、ほかの登壇者と同じくペットボトルの水が前に置かれました。漱石アンドロイドに話しかける際には、「漱石先生」という敬称をつけ、誰もが最大限に丁寧な言葉遣いを選んでいました。漱石アンドロイドに対する「人として接する」という態度の積み重ねが、結果として漱石アンドロイドをその場にどんどんと馴染ませていったのです。アンドロイドは「人のようなモノ」だけれども、それが本当に「人のようなモノ」になっていくのは、その尊厳が最大限に守られるときであるだろうとわたしたちは考えています。

偉人アンドロイド基本原則④　アンドロイドの無権利原則

アンドロイド自身には肖像権も著作権も著作隣接権も発生しない

アンドロイド基本原則は、偉人の存在が公的なものであることを前提とした上で、社会でのその幅広い活用や受容をサポートすることをめざして構想されています。アンドロイド自身に肖像権や著作権、著作隣接権などを認めることは、この基本原則の趣旨に反します。そこでわたしたちは、アンドロイドには肖像権も著作権も著作隣接権も発生しない、とする「アンドロイドの無権利原則」を主張します。

著作権に関しては、創作行為を行なう本格的なＡＩが搭載されるまでは現実的な問題にはなりませんが、著作隣接権についてはすでに現実の問題となっています。シンポジウムではオープニングアクトとして、劇作家の平田オリザ氏が書き下ろした対話劇『手紙』が上演され、漱石アンドロイドは舞台上で夏目漱石を演じています（あるいは夏目漱石として登場しています）。通常の俳優であれば、そこでの演技という表現に対して著作隣接権が付与されます。しかしわたしたちは、アンドロイドにはそのような権利を認めなくてよいと主張します。アンドロイドは公的な存在という性格が強いと考えているからです。

肖像権に関しても同様です。たとえば漱石アンドロイドがイベントなどに登場するとき、肖像権を理由にして撮影を制限することは望ましくない、とわたしたちは考えます。TwitterやInstagramなどのSNSへの投稿も同様です。ただし偉人アンドロイドの尊厳は守る姿勢を示すことが望ましい、とわたしたちは考えます。漱石アンドロイドには肖像権はないが、しかしわたしたちはその尊厳は尊重する。だから、漱石アンドロイドが「嫌がる」と多くの人が想像してしまうような写真を撮ることは避けた方がよいでしょう。また、撮影された写真の加工や改変も原則自由にはなりますが、しかし本人が「嫌がる」と想像される加工や改変はやはり避けた方がよいでしょう。

④-1 付則 ただしアンドロイドが人格を獲得したという社会的な合意が得られた際には本原則は再検討される

ＡＩの進展により、また社会の考え方の変化により、アンドロイドが独自の人格を獲得したと社会が認めるに至った際には、本原則は再検討されなければなりません。その時には、所有や相続などの概念自体が根本から変化している可能性が高いからです。

■ 基本原則案のまとめ

偉人アンドロイド基本原則①：アンドロイド制作の自由原則
故人・遺族の名誉やプライバシーを尊重する限り誰のアンドロイドを制作してよい

偉人アンドロイド基本原則②：アンドロイド運用の自由原則
偉人本人の社会的人格を尊重する限りアンドロイドに何をさせてもよい
付則：ただしその行為や発言がフィクションであることを明示しなければならない

偉人アンドロイド基本原則③：アンドロイドの尊厳原則
偉人アンドロイドは公的にはあくまでも人として扱われなければならない

偉人アンドロイド基本原則④：アンドロイドの無権利原則
アンドロイド自身には肖像権も著作権も著作隣接権も発生しない
④－１　付則　ただしアンドロイドが人格を獲得したという社会的な合意が得られた際には本原則は再検討される

ガイドラインを越えて

ガイドラインとしての基本原則は、アンドロイドの制作／運用者が自由にできる範囲を示す一方で、その基本原則を超える実践を委縮させてしまう恐れがあります。自由のための足場が、守らなければならない規範に転化してしまう可能性があるのです。しかしそのような事態はわたしたちの本意ではありません。

シンポジウム中に劇作家の平田オリザ氏は、芸術家としてはいかなる制約も設けず自由にしてほしいと本心を述べていました。そのうえで、自身が芸術上の自由を行使する際には「演劇の上演中に隣に遺族が座っていても大丈夫かどうか」を規範として掲げているといいます。ここでいう「大丈夫」というのは、文句を言われないということではなく、「刺されるのはつらいけど殴られるぐらいまでは覚悟する」とのことでした。ガイドラインとしての基本原則は、特別の覚悟がなくても誰でも踏み込んでいける場所を示すものです。しかしそこを超えると、結局はそこを開拓していく人の覚悟の問題になってきます。

「アンドロイド制作の自由原則」は、故人・遺族の名誉とプライバシーを尊重する姿勢を求めています。また「アンドロイド運用の自由原則」は、アンドロイド運用の基本的な自由を認める条件として、アンドロイド化された偉人の社会的な人格を尊重することを求めています。しかしわたしたちは、偉人アンドロイドの制作／運用において、偉人の私的な部分、ネガティブな部分に踏み込んでいく可能性をけっして排除するわけではありません。実際、作家とその作品の理解のためには、偉人としての作家の立派な社会的人格だけでなく、その最も内密で私的な部分にも目を向けていく必要があるでしょう。しかしそうした部分により光を当てていくほどに、遺族の気持ちを損なう可能性は増します。そこに踏み込み、どこまでならば遺族に「刺されない」で済むか、また広く社会の理解を得られるかを判断するのは、やはり最終的にはそこに踏み込む人の覚悟の問題になるでしょう。

この点で、漱石アンドロイドはすこし特別なケースになります。というのも、遺族の一人である夏目房之介氏自身が、漱石を偉人として偶像化せず、その人間的な部分、一個人としての「ダークな部分」に正面から取り組む必要があると主張しているからです。漱石アンドロイドを制作し運営しているわたしたちは、この恵まれた条件を最大限生かさなければならないでしょう。しっかりと覚悟を示し、踏み込むところは踏み込んでいくことによって、基本原則案を提起するだけでなく、それを踏み越えていく道筋も示していく責務がわたしたちにはあると考えています。

本章の最後に、夏目房之介氏がシンポジウム終了後に提起した「疑義」を収録することで、ガイドラインを越えた領域の豊かな可能性を合わせて示しておきたいと思います。

「漱石の偶像化」への疑義

―二松学舎シンポジウム「誰が漱石を甦らせる権利をもつのか？ 偉人アンドロイド基本原則を考える」（2018年8月26日）について―

夏目　房之介

本稿は、シンポジウムの後、私の個人ブログで意見表明したものを若干改稿した［註1］。できるだけ要点だけを述べる。

石黒氏はシンポジウムで「偉人アンドロイド」の定義について、大要こう述べている。「意識」のある・なしという検証性のない議論ではなく、「社会的人格」において定義する。そこにやがて「人格」が想定されるとすれば、その「メッセージ性」は社会の共有する「社会的人格」漱石の「再現」である。であれば、むしろ「本人」よりも教導的で「偉い存在」であることが求められる。アンドロイドはいわば「動く銅像」であり、社会に対してポジティブなものでなければならない（レジュメがなく、メモをもとに記憶で発言を再現した。誤解があるかもしれない）。

二松学舎の谷島氏は、アンドロイドに我々が「心」を錯覚することの不可避性から、「偉人のアイデンティティ・イメージ（パブリック・イメージ）」の「尊厳」「プライバシー」

を尊重すべきだとし、「偉人アンドロイドの尊厳原則案」を提起した。たとえば、排泄、入浴などはさせてはならない、など。

一方、福井健策氏は「偉人ロボット」を「再生ロボット」と言いなおし、そこに「権利」があるかを仮定的に論じた。製作の「自由」と著作権の関係、「肖像権」、ロボット自体による著作創作性の可能性（音楽自動制作ソフトなど、現状では権利者の確定が困難）について論じ、「権利」問題よりも、「その行為に誰が責任を負うのか」が問題だとされた。最後に「偉人アンドロイド基本原則」を以下のように提起された。

①　利用可能なデータがあれば、死後にアンドロイドを作成公開することは自由。

②　ただし、故人・遺族の名誉やプライバシー侵害に留意し「特に「行為や発言はフィクションであること」を明瞭に表示すべき」である。※線は引用者

③　ロボット自体の著作権・隣接権は認めず、その創作した作品の利用も自由。

④　①〜③の原則は、「ロボットが独立の人格を持ちえた（その意味すること自体が検討対象）段階で、見直す」。（シンポジウム当日の発表及び福井氏レジュメをもとにした）

討議の場では、基本原則を決めておこうとの石黒氏の提起に対し、平田オリザ氏から「表現者としては最初から規制を設けるのはよくない、自由にやらせてほしい」との発言

があった。

以上の要約の正確性は、当日の映像再現を精査しないとわからない。私自身はその場では、とくに反論めいた発言はせず、福井発言に刺激されて、面白がってしゃべっていた記憶がある。が、終了後、石黒・谷島側と平田側で対立軸があったことと、福井発表がそこをつなぐ立ち場たりえたことに気づいた。私自身は福井氏の議論がもっとも理解できる妥当なものだと感じた。


他の発言者がその場で触れた、「偉人アンドロイドはパロディであると思う」という発言は、事前の控室雑談での私の発言だが、討議のさいにも言及した。私にとって、現状のアンドロイドが「偉人・アンドロイド」である時点で、そこに成立する「人格」は、あくまで「社会」（受容者）が共有し想像・創造する「人格（のようなもの）」である。現状、それが人間と同等の人格的存在であるという検証が不確定なものでしかないのは、疑いえない。なぜなら、史実の「漱石」「夏目金之助」という個人の「再現性」は、いかにしても言説の束による歴史社会的な、そのつどの「解釈」であり、そこに単一の「真実」を想定できないからだ。また、そんなことをしてはいけない、というのが、現在の研究レベルでの妥当な考え方だと思う［註2］。

そこに「真実」を想定すると、「漱石」はかつて実在した「人間」「一個人」のあやしさ、ダメさ、ダークな側面を失い、「偉人」という聖人君子的な理想化を求められる。いいかえると、文学者漱石としても、個人金之助としても、最も重要なもの、そこに存在した者が現在からみたときに生じる「多義性」（解釈の自由な広がり）を失う可能性があるからである。

「漱石」の理想的「銅像」化は、漱石文学のもたらす思想・文化の重要な価値である「多義性」を押しつぶす可能性がある。これが私の違和感であった。石黒氏らの議論の仕方、方向性には、「理想」的な「人格」の再現という危険性が潜在していると感じたのである。

私の「漱石アンドロイド」＝「パロディ」説は、福井氏のいう「フィクションであること」の明確化と合致する。そもそも「パロディ」は、「オリジナル」が存在し、自身はオリジナルではないことを受容者が自明視することをもって、はじめて「面白い」。私が「マツコロイド」の「面白さ」に感動し、このプロジェクトに一も二もなく賛同したのは、まさにそうした面白さ故だった。基本原則を仮定的に議論すること自体は刺激的であるが、この点ははっきり表明しておきたい。

漱石は、かつて文部省が勝手に送りつけてきた博士号を拒否して送り返したさい、こう書いている。

「小生は今日までただの夏目なにがしとして世を渡って参りましたし、これから先もやはりただの夏目なにがしで暮したい希望を持っております。」明治44年（三好行雄編『漱石書簡集』岩波文庫　ｐ．２４１）

この文からみても、夏目金之助自身「銅像化」、教導的な「理想化」を拒否するように思う。もっとも、これとて一遺族の想像に過ぎないのだが。

［註１］「夏目房之介の「で？」」２０１８．８・31
http://blogs.itmedia.co.jp/natsume/2018/08/post_6299.html
［註２］一見「古典」的不動性を連想される「漱石」のイメージは、歴史的、社会的に変容してきた。佐藤泉「教科書のなかの「漱石」像（１）（２）」『漱石　片付かない〈近代〉』ＮＨＫライブラリー　２００２年、夏目房之介「夏目漱石というイメージ」　フェリス女学院大学日本文学国際会議実行委員会編『世界文学としての夏目漱石』岩波書店　２０１７年　など参照

第5章

人がアンドロイドとして甦る未来

谷島　貫太

1982年に公開されたSF映画『ブレードランナー』の舞台となったのは、西暦2019年のロサンゼルスでした。その2019年を迎えた現在、人間の複製を制作する技術の進展は、『ブレードランナー』で描かれたものに比べるとずっと控えめな段階だといえます。この映画では、アンドロイド（劇中ではレプリカントと呼ばれる）は自律した意識をもっています。さらには人間としての記憶を植えつけられることで、自分自身がアンドロイドなのか人間なのかを判別できない、というケースすら生じています。ひるがえって、現実のアンドロイドが自律した意識をもつようになるにはまだほど遠く、人工知能を搭載する試みは始まってはいますが、精巧な外見と生々しい表情や身ぶりを再現するにとどまっています。

『ブレードランナー』（あるいはその原作の「アンドロイドは電気羊の夢をみるか」）は、SF的想像力を行使してある極限の状況における「アンドロイドと共に生きる世界」を描いていきました。そこで想像された状況とはかなり異なりますが、しかしわたしたちもまた、まちがいなく「アンドロイドと共に生きる世界」の入り口に来ています。そのことを象徴するあるテレビ番組が、2018年10月20日にNHKのBSプレミアムで放送されました。『天国からのお客さま』と題されたこの番組には、漱石アンドロイドに加え、俳優の勝新太郎、落語家の立川談志のアンドロイドが出演しました。後者の2体は、大阪

※番組映像のスクリーンショット
（漱石アンドロイドの講義を聴くいとうせいこうと奥泉光）
©NHK/テレビマンユニオン

大学の石黒教授監修のもと、ＮＨＫ、テレビマンユニオン、株式会社エーラボがこの番組のために新たに制作したものです。この番組では、勝新太郎アンドロイドが妻である女優の中村玉緒と20年ぶりに再会したり、立川談志アンドロイドが弟子の立川志らくや自身を敬愛する芸人の太田光と対談しています。またこの両者が一緒になって一般の人びとの人生相談に応じるコーナーもあります。漱石アンドロイドはというと、いとうせいこうと奥泉光という二人の作家に文学を講じ、また課題を与えたりしています。

１００年以上前にこの世を去った漱石とは異なり、勝新太郎と立川談志の場合には、家族や弟子など生前にきわめて近い関係にあった人びとがまだ生きています。この番組ではそれらの身近な人びとが、故人のアンドロイドに面と向かって接することになります。そこで生み出される光景は、なぜかとても観る者の胸を打つものでした。この番組の主人公は、もちろん故人となった人びとを再現したアンドロイドたちでしょう。しかし番組の視聴者は、生々しい表情やしぐさを見せるアンドロイドの姿と同じく、それらのアンドロイドと接する故人と身近な人びとの反応や表情にもきっと心を奪われたはずです。それらの人びとは、アンドロイドが最終的にはただのモノであることをもちろん理解しています。しかしそれでも、写真や映像や思い出の品々ではきっと引き出すことのできないある反応を、アンドロイドはかつての身近な人びとからたしかに引き出しているのです。

身近な人びとだけではありません。勝新太郎アンドロイドは、番組中で演劇部の高校生たちに演技指導を行っています。勝が亡くなった1997年にはまだ生まれてもいなかった若者たちです。演技指導のなかで語られている内容は、勝が生前に折に触れて語り、また実践していた演技論を再構成したものです。しかしその演技論は、アンドロイドの口から直接語られることによって明らかに特別な伝達力を獲得しているように見えます。高校生たちは、その演技論をただの知識として吸収しているのではありません。一人の傑出した俳優によって人生をかけて築き上げられた演技論が、まさに目の前で「語られている」

※番組映像のスクリーンショット
（勝新太郎アンドロイドに演技指導を受ける高校生）
©NHK/テレビマンユニオン

という出来事に立ち会っているのです。この出来事は、ひとつのかけがえのない体験として彼／彼女たちの記憶に刻み込まれたことでしょう。偉人を甦らせるアンドロイドは、すでに亡くなった人びとが残していった足跡を、体験可能な出来事として呼び出すというポテンシャルを有しているのです。

『天国からのお客さま』という番組は、アンドロイドが可能とする特別な魔法の効果をわたしたちにまざまざと見せてくれます。アンドロイドはあくまでもモノであって人ではありません。しかし精巧に作りこまれ巧みに演出されるとき、アンドロイドには故人が部分的に憑依するという魔法がかかるのです。そしてその魔法の正体はテクノロジーです。アンドロイド技術の研究と開発が進んでいくにつれて、これからの社会はこの魔法をより自由により精密に制御していけるようになるでしょう。いまはまだ、この魔法は例外的で実験的な場面でしか用いられていません。しかしおそらくは時間の問題です。10年後になるか50年後になるかはわかりませんが、遅かれ早かれ、「アンドロイドとともに生きる世界」ははるかにずっと身近なものとなっているでしょう。

アンドロイド制作の対象となりうるのは、もちろん有名な偉人だけではありません。スティーブン・キングのホラー小説『ペット・セメタリー』では、幼くして交通事故で亡くなった息子を蘇らせるため踏み越えてはならない一線を超えてしまうある家族が描かれています。アンドロイド制作技術がより進展し一般化していくと、亡くなった近親者をアンドロイドとして甦らせる、というケースが出てくることも考えられます。故人そっくりの姿やしぐさで、故人そのままの声で話すアンドロイドは、近親者を亡くした人たちに大きな心理的効果を与えるでしょう。しかし死者を蘇らせるという行為には、わたしたちの良識や倫理観に反する何かが含まれています。『ペット・セメタリー』でも、幼い息子を蘇らせようと試みた一家は、結果として悲劇的な結末を迎えていました。たとえば次のような場面を想像してみましょう。幼い子を亡くした母親が、喪失の悲しみをいやすために亡くなった子のアンドロイドを制作する。母親は、このアンドロイドを本物の子のようにかわいがります。でもその子はアンドロイドなので、制作時点から成長することはありません。母親が年を取っていっても、アンドロイドとなったその子は変わらず幼いままです。おそらくいま現在の社会は、人間とアンドロイドとのこのような関係を、正常ではない何かであるとみなす可能性が高いでしょう。

アンドロイドとして甦らせることとは、写真や映像の記録を残すこととは本質的に異なる行為です。かつてロラン・バルトというフランスの思想家が、写真には、撮影された対象がもうすでにここにはないという不在が不可分に結びついている、と指摘していました。この点でアンドロイドは対照的です。アンドロイド技術は、そこで模された対象がまさに目の前にいる、という体験を作りだすものだからです。この違いは、故人とわたしたちとの関係を大きく変える可能性をもつものです。わたしたちは通常、喪と呼ばれるプロセスを通して少しずつ喪失を受け入れていきます。しかしアンドロイドは、喪失という出来事そのものを抹消してしまうかもしれないのです。何かを失い忘れていくという事態は、深い悲しみや寂しさをともなうものの、前に進んでいく際に避けては通れないものだと考えられています。しかし部分的にであれ、失いも忘れもしないという選択が可能になるとすれば、これは社会全体に重大な問いを突きつけることになるでしょう。

喪というテーマに関しては、もう一つ別の、しかしとても現実的な問題がおそらく浮上すると思われます。それは役目を終えたアンドロイドをどうするのか、という問題です。亡くした子をアンドロイドとして甦らせたあの母親のことを思い出しましょう。やがてその女性が新しい子を授かったとします。その子が生まれ、成長していく未来を想像したとき、亡くした子のアンドロイドを家に置いておくことはできない、と彼女は考えます。そしてそのアンドロイドと決別することを決意します。では、彼女はそのアンドロイドをどうするべきでしょうか？　亡くした子そのままの姿をもつアンドロイドを、たんに廃棄するなどということはできないでしょう。モノとして誰かに譲り渡す、ということもできないでしょう。おそらく、そこではなんらかの宗教的な手続きが求められるはずです。いわゆる供養です。いろいろな想いや感情の依り代としての役割を果たしていくなかで、アンドロイドは、たんなるモノとは異なる何かとして扱われなければならなくなるはずです。

ただし日本にはすでに、役割を終えた人形を供養する人形供養という伝統があります。モノである人形を、あたかも命を有する存在であるかのように扱うこの文化は、欧米ではまったく考えられないものであるようです。この点で実は、アンドロイドというモノを超えるモノとどのような関係を作っていくべきかという未踏の問いに踏み込んでいくに際して、日本文化はいくらか優位な点をもっていると言えるのかもしれません。本書に特別付録として台本を収録した漱石アンドロイド演劇『手紙』の作者である平田オリザ氏は、大阪大学石黒浩研究室の協力のもと、これまでロボットやアンドロイドを登場させる演劇作品をいくつも手がけてきました。その平田氏は、動物愛護法ならぬロボット愛護法を制定する必要を主張しています。日本文化は、アシモやペッパーなど、人型のロボットを生活のなかに取り入れていくという点で世界の一歩先を進んでいます。また、鉄腕アトムやドラえもんを初めとして、ロボットを身近な存在として描写する伝統をもっています。「人のようなモノ」をめぐる想像力という点で、日本文化には大いなる蓄積があるのです。

※

わたしたちの社会はアンドロイドとどのように付き合っていくべきなのか。そもそもアンドロイドに何をさせてよくて、何をさせてはいけないのか。いったん作りだされたアンドロイドをめぐって生まれたさまざまな人びとのさまざまな感情に対して、いったいどのように責任を取れるのか。これらはすべて、まだ誰も正解を知らない問いです。そもそも正解が存在するのかどうかさえ不確かな問いです。それでも、わたしたちの社会はアンドロイドを作っていくでしょう。その動きはすでに次第に大きくなっており、これからさらに加速していくでしょう。それはきっと、アンドロイドにはわたしたちの欲望を駆り立てる何かがあるからです。人間を複製すること、故人を甦らせること、存在を永遠化すること。これらの行為には人間の領分を超えた何かがあり、それゆえアンドロイドはひときわ強い欲望の対象となるのではないでしょうか。

大阪大学の石黒浩教授は、人間はアンドロイドとなることでより尊い存在へと昇華されるのだというビジョンを示しています（第3章石黒論文の116ページを参照）。これは、ひとびとの模範となる存在を聖人として奉る宗教的な列聖に通じる考え方であるでしょう。そこには、尊いもの、永遠なるもの対する普遍的な欲望が結びついているはずです。偉人の動く銅像としてのアンドロイドの役割を主張する石黒教授に対して、漱石の孫である夏目房之介氏は疑義を唱えています。本書にも収録したその疑義のなかで、氏は漱石が書き残した「ただの夏目なにがしで暮したい希望」という言葉を引き合いに出していました（第4章夏目論文の170ページを参照）。漱石は、銅像化や理想化されずにひっそりと生きていきたいはずだ、と。これもまた、漱石アンドロイドの姿に投影された一人の遺族としての欲望でしょう。シンポジウムのなかでは、自分の死後にアンドロイドを作らせない権利についても触れられていました。アンドロイドという存在は、いろいろな欲望を喚起する触媒となりうるのです。そしてだからこそ、人はアンドロイドに引きつけられるのでしょう。

アンドロイドをめぐる基本原則を構想するに際して、そこで最終的に問われるのは、わたしたちはアンドロイドが可能とするどのような未来を欲望していくのか、という点になるはずです。本書は、そしてそこで提案されている基本原則は、この開かれた問いに分け入っていくための入り口です。そしてこの入り口がいったいどこにつながっているのかは、まだ誰も知りません。

特別付録

漱石アンドロイド演劇台本・二松学舎大学版

手紙

平田オリザ

（実際の上演台本と若干異なります）

＊上手側、椅子に座った漱石アンドロイドが照明の中に浮かび上がる。
漱石は視線を机に落とし、何かを読んでいる。


開演とともに、下手から正岡子規登場。

漱石の斜め前方にある椅子に座る。

漱石、ゆっくり顔をあげて子規の方を見る。

漱石　・・・のぼさん。
　え、え？
子規　（漱石の方を向く）
漱石　君は・・・えっと、どうしてここに？
子規　君が、なかなか手紙をくれんけん、
漱石　え？
子規　ね、
漱石　あぁ。
子規　ロンドンはどうかいの？
漱石　いや、相変わらずだよ。
子規　うん・・・急に行ってもうたけん、
漱石　ごめんごめん、え、でも、あのときは手紙は出したよ。
子規　・・・

＊漱石、手紙を読む。

漱石　病気のお加減が悪いと聞き、心配しています。くれぐれもご自愛ください。

　松山の夏も暑かったが、熊本の夏も暑い。あれほど松山がいやだと言って熊本に来たのだが、ここの生活もほとほと嫌になった。どうも、小生が住むのに適したところは、この世界にないらしい。

　東京に戻って、翻訳官にでもなるかとも考えたが、僕の英語程度では、外交官の電報一つも訳せないだろうと、それもあきらめ、本来ならば、筆一本、文学三昧の生活に早く収まりたかったのだが、妻をめとったいまの我が身ではそれもならず、どうしようかと思案に暮れていた。

そこに文部省から、イギリスに行けと辞令が来た。だが、内容は、英語教育の研究をせよということで、僕は英文学がやりたいのだが、英語教育など、わざわざイギリスに行ってまでやる必要があるのかと思い、断ってしまった。ところが、上司は、そう固く考えるものではない、英文学を中心に英語教育を学べと、おかしな方便を使う。しかし、熊本にいるよりはましかと思い、やはりイギリスに行ってみることにした。ただ、それでも、文学三昧とは行くまいと思う。

そんなわけで、急な話だが、八月には東京に戻り、九月には船に乗って、ヨーロッパへと渡る。帰京の際に、一度なりとも、のぼるさんの顔が見られれば幸いだが、虚子とも相談して、日取りを決めたいと思う。

明治三三年初夏　夏目漱石
正岡子規様

漱石　ほら、ちゃんと出してる。
子規　・・・
漱石　え？
子規　ほれは受け取っとらんぞな。
漱石　そんな・・・
子規　虚子にでも出したやつを、僕に出したつもりになっとんやがな。
漱石　いや、そんなことはないよ。
子規　・・・
漱石　それに、旅の最中も、きちんと手紙は書いたよ。
子規　・・・
漱石　本当だよ。
子規　そうかいのー、
漱石　東シナ海では、下痢と船酔いに閉口し、インド洋、紅海では暑さに辟易としていたが、地中海にはいると、気候はさして日本とかわりはない。ジェノバで船を下りて、汽車に乗って十月二一日パリに着いた。

パリはやはり、繁華な街で、馬車、電気鉄道、地下鉄道が網のように広がっているのは、さすがに世界の大都市である。

しかし、ここまでは金の力に任せて、どうにかたどり着いたのだが、言葉の通じない、様子の分からない所ほど不便なものはない。ヨーロッパに着いてから、何か自分からしたということは一つもなく、みな他人任せのありさまだ。よくこれで、詐欺に引っかかったりしなかったものだ。この位なら、謡などやらずに、フランス語でも勉強しておけばよかったと後悔しきり。本当は、君のような、何ごとにも好奇心旺盛な人間が洋行をすべきだった。

ここからは、一人でロンドンまでたどり着かねばならず、どうなることかと思っている。

こちらはやはり、男女とも色白く服装も立派で、日本人はなるほど黄色く見える。女などは、くだらぬ下女のようなものでも、なかなかの別嬪に見える。小生のようなあばた面はいない。

西洋の便所と風呂にも我慢がならない。食事もうまくない。早く茶漬けと蕎麦が食いたい。

君もどうか、養生してください。

ヨーロッパでは、金がなければ一日たりとも過ごせない。汚くても、やはり日本が気楽でいい。

パリにて、漱石夏目金之助

のぼる殿

漱石　ほら、

子規　ほれはたぶん、鏡子さんへの手紙ぞな。

漱石　え？　いや、そんなことはないよ。

子規　うん、たしかに奥さんへの手紙そのものじゃない。

漱石　どういうこと？

子規　だって、君は、このころの奥さんへの手紙は、みんな候文で出しとったけんね。

漱石　あぁ、

子規　どうしてかの？

漱石　いや、それは、まぁ、
子規　僕や虚子には、もっと柔こい文体だったぞな。
漱石　いや、
子規　変やのぉ。
漱石　あぁ、
子規　のー、

子規　病床のなぐさみにと、ある人が大きな鳥かごを借りてきてくれたので、それを窓先に据えて、小鳥を十羽ばかり入れておいた。その中にある水鉢の水を換えてやると、鳥がみな、降りてきて、争って水を浴びる姿が面白いので、病床から眺めて楽しんでいる。

　水鉢をおいて、まだ手を引かないうちから、ひわが一番先に降りて水を浴びる。浴び方も、一番上手だ。ひわが浴びるのは勢いがいいので、またたく間に鉢の水の半分くらいを、羽ばたきで外に散らしてしまう。そこで他の鳥は、残りの乏しい水で、順々に水を浴びなければならないようになる。

　それを予防するつもりでもあるまいが、最近はヒワがまず浴びようとすると、キンバラが降りてきてヒワを追い出し、二羽並んでしまう。そのあとでジャガタラ雀が浴びる。キンカ鳥も浴びる。カナリヤも浴びる。しばらくは水鉢のほとりに先にあとにと、鳥がつめかけている。

　浴びて済んだ奴は、みな、高い止まり木に止まって、しきりに羽ばたきをしている。その様が実に愉快そうに見える。考えてみると、自分が湯に入ることができぬようになってから、もう五年になる。

　ヨーロッパのカナリヤはどうか？

　パリは、鳥もさぞ美しいのだろう。

漱石　それは？

子規　あしからの出せんかった手紙ぞな。

漱石　うん・・・じゃあ、僕も。

漱石　その後は、とんとご無沙汰して、すまん。

小生は、東京でいえば深川のような辺鄙なところに引きこもって勉学に励んでいる。買いたいものは書籍なれど、欲しいものはたいがい三十円、四十円という値段で手が出ない。

詳しいことを書きたいのだが、なにぶん多忙にて、時間が惜しく、ハガキにてごめんこうむる。

そちらは年の暮れやら新年やらで忙しいでしょう。当地は、昨日がクリスマスで、小生も初めて英国のクリスマスに出くわしたことになる。

柊を幸多かれと飾りけり
屠蘇なくて酔わざる春やおぼつかな

明治三三年十二月二十六日
子規様
漱石より

追伸。新年の御慶、めでたく申し納め候。諸君へよろしくお伝え願い上げ申し候。いよいよ二十世紀だ。

子規　いや、ほれは本当に君がくれた葉書ぞな。
漱石　あれ、そうだっけ？
子規　困ったなぁ。記憶が曖昧すぎるぞな。
漱石　申し訳ない。
子規　ほな、こんなんはどうやろうか？
子規　遠洋へ乗り出して鯨を追い回すのは、壮快に感ぜられるが、佃島で白魚船がかがり火を焚いている景色なども、はなはだ美しく感ぜられる。
太公望然として、鯉など釣っているのも面白いが、小さい子どもがザルを持って、シジミを掘っているのもまた面白い。
しかし、竹の先に輪をつけて、汚い泥溝をついて、ボーフラをとっては金魚の餌に売るという商売に至っては、実に一点の風流もない。それでも分類すると、これもやはり漁業という部に属するのだそうだ。

漱石　こちらに来て、すでに三ヶ月が経つ。その間、引っ越しをした。どうも、やはりロンドンに来ても、一つ所に落ち着くことができない。

　当地にては、金がないのと病気になるのが一番心細い。病気は帰朝するまで、封印するつもりでいるが、金がないのはどうしようもない。

　今度の下宿はすこぶる汚いが、安くて安全なところがいい。なるべく衣食を節約して書物だけでも買えるだけは買おうと思っているために、非常に苦しいことになる。

　ロンドンの町中では、日本人だからといって珍しそうに振り返る者など一人もいない。みな、自分のことにのみ忙しい。さすが天下の大都会だ。

　ただ天気の悪いのには閉口する。こちらに来てから、晴れたのは幾日ばかりだ。しかも日本晴れというような透き通るような空は、とうてい見ることができない。霧が立つと、日中でも、夜のようになってしまうので、ガス灯をつけている。早く日本に帰って、光風霽月と青天白日を見たい。

　こちらにも日本人はたくさんいるが、交際すれば時間も無駄にするし、また金もかかるので、読書ばかりをしている。

　　　漱石

のぼる殿

子規　ええなぁ、

漱石　たしか、これは虚子と君に一緒に送った手紙だったと思う。

子規　うん。

漱石　ホトトギスに載せてくれたんだろう。

子規　うん。

漱石　新しい下宿は三階で、窓から風が入って、顔を洗う洗面台がペンキを塗りたくったいかがわしいもので、それに小さな本箱と、半端な机が一つある。

　夜などは、ストーブを焚くと、かえってとや障子の隙間から風がびゅーびゅーと入ってきて、部屋を暖めているのか、冷やしているのか分からないね。風の吹く日には、煙突から煙が逆に流れてくることもある。

　僕は英語研究のために、当地に来たのだが、二年間おったって、とうてい話すことなど、満足にできはしないよ。第一、先方のいうことが、しかと分からない。情けない有様さ。仕方ないからいい加減な挨拶をして、お茶を濁しているがね、その実少々、心細い。

　ともかく、だから読書をして、部屋で一日過ごしている。君もご自愛ください。

　明治三四年冬　夏目漱石
のぼる様

漱石　どうも僕の手紙は愚痴ばかりだな。
子規　・・・
漱石　病気の君に申し訳ない。
子規　・・・
漱石　どうした？
子規　・・・
漱石　正岡君、どうした？
子規　僕はもうダメになってしまった。
　毎日、訳もなく号泣しているような次第だ。それだから、新聞雑誌へも、少しも書かぬ。手紙は一切廃止。
　それだから、ごぶさたして、すまぬ。今夜はふと思いついて、特別に手紙を書く。いつかよこしてくれた君の手紙は、非常に面白かった。
　近来僕を喜ばせてくれたものの、随一だ。僕が昔から、西洋を見たがっていたのは、君も知っているだろう。

それが病人になってしまったのだから、残念でたまらないのだが、君の手紙を見て、西洋へ行ったような気になって、愉快でたまらぬ。
もし書けるなら、僕の目のあいているうちに、いま一便、よこしてくれぬか・・・無理な注文だが、
絵はがきもたしかに受け取った。
ロンドンの焼き芋の味はどんなだか聞きたい。
僕はきっと、君に再会することはできぬと思う。
万一できたとしても、そのときは、話もできなくなっているであろう。
実は僕は、生きているのが、苦しいのだ。
書きたいことは多いが、苦しいから、許してくれたまえ、
東京　子規より
倫敦　漱石殿

漱石　日曜日にハイドパークなどへ行くと、盛んに大道演説をやっている。こちらでは、イエス・キリストの神よアーメン先生がしゃがれ声で説いていると、五、六間離れて無神論者が怒鳴っている。その向かいでは人権論者が旗を押し立てて声色を使っているし、その隣では、しなびた先生が身体に似合わない太い声で話している。よく聞けば、どれもこれもいい加減なことばかりを述べ立てている。
先だって、セント・ジェームズ・ホールで日本の柔術使いと、西洋の相撲取りの勝負があって、二百五十円懸賞相撲だというから、さっそく出かけてみた。五十銭の席が売り切れで、入れないから一円二十五銭を奮発して入場つかまつったが、それでも日本のつんぼ桟敷のような所で、向こうの正面でやっている人間の顔など、とても分からん。
五、六円出さないと顔のはっきり分かるところまでは行かれない。すこぶる高いじゃないか。相撲だから我慢するが、美人でも見に来たのな

ら、一円二十五銭返してもらって出ていく方がいいと思う。

そんなしみったれたことはいいとして、肝心の日本対イギリスの相撲は、どう片が付いたかというと、時間が遅れてやる暇がないというので、とうとうお流れになってしまった。

その代わりスイスのチャンピオンと、イギリスのチャンピオンの勝負を見た。西洋の相撲なんて、すこぶる間の抜けたものだよ。膝をついても横になっても逆立ちしても、両肩がぴたりと土俵の上へ付いてしかも一、二と行事が勘定する間このピタリの態度を保っていなければ負けでないって言うんだから大いに埒のあかないわけさ。

僕はまた移ったよ。イギリスへ来てから、もう五度目の引っ越しだ。今度の所は、お婆さんが二人、退職陸軍大佐というお爺さんが一人、まるで老人国へ島流しにやられたような具合さ。このお婆さんが、ミルトンやシェイクスピアを読んでいて、おまけにフランス語をペラペラ弁ずるのだからちょっと恐縮する。

「夏目さん、この句の出所をご存じですか」などと仰せられることがある。「あなたは大変英語がお上手ですが、よほどお小さい時分からお習いなすったんでしょう」などと持ち上げられたこともある。人、豈自らをしらざらんや。冗談言っちゃいけないと申したくなる。こちらへ来てお世辞を真に受けていると大変なことになる。男はさほどでもないが、女なんかはよく、ワンダフルなどと愚にもつかないお世辞を言う。下手な方にワンダフルですかと皮肉を言うこともある。

いまや濃霧窓に迫って書斎昼暗く、時針一時を報ぜんとして我が腹は、食を欲することしきりなり。この美しき数句を千金の掉尾として筆を置く。

明治三四年十二月十八日　夏目金之助
のぼる様

子規　ありがとう。
漱石　・・・
子規　ありがとう。はよ日本に戻ってきて、小説を書くとええがな・・・あしは俳句と短歌まではやったけん、君が日本の新しい小説を作るんぞな。
漱石　・・・うん。
子規　頼むぞな、
漱石　・・・うん。
子規　頼むぞな、

＊照明、消えていく。

了

作・演出　：平田オリザ
出演　　　：漱石アンドロイド、井上みなみ
漱石アンドロイドの声：夏目房之介
ロボティシスト：力石武信（東京藝術大学／大阪大学石黒研究室）
照明　　　：西本 彩、伊藤侑貴
音響　　　：櫻内憧海
舞台監督　：島田曜蔵
ロボットアシスタント：秋山建一
舞台監督補：中村真生
制作　　　：有上麻衣
企画制作　：青年団／(有)アゴラ企画・こまばアゴラ劇場
※漱石アンドロイド演劇『手紙』の動画は“二松学舎大学　漱石アンドロイド特設サイト”（https://www.nishogakusha-u.ac.jp/android/index.html）から、ご覧いただけます。

○　参考文献

和田茂樹 編（2002年）『漱石・子規往復書簡集』岩波文庫.
三好行雄 編（1990年）『漱石書簡集』岩波文庫.
正岡子規（1984年）『病牀六尺』岩波文庫.
正岡子規（1984年）『墨汁一滴』岩波文庫.

漱石アンドロイド演劇『手紙』解説

瀧田　浩

本書に収録したのは、シンポジウム「偉人アンドロイド基本原則を考える」のオープニングアクトとして上演された『手紙』の台本ですが、私はこの解説を実際に観た舞台を中心に書くことにしました。緻密に構築された演技の効果によって、演劇『手紙』は見事な成功をおさめたと考えるからです。本作は、正岡子規の、憧れの西洋で暮らす漱石に向けた思いや、漱石の小説家としての大成を願う気持ちが物語の縦糸になっていますが、設定や演技を注意深く見ていくと、「アンドロイドと人」の関係を越えて「人と人」との関係まで根源的に考える必要性が示唆されていることがわかります。この解説によって舞台を追体験し、人をめぐる本質的な思考に向かうきっかけにしていただければと思います。

漱石アンドロイドが演じる夏目漱石は、二十世紀に入ったばかりのロンドンの一室で、文学について孤独に研究し続けています。井上みなみが演じる正岡子規は、近く訪れるだろう死と対峙しながら、みずからは果たせなかった洋行を実現してロンドンに暮らす漱石に思いを馳せています。死を前にした者の特別な力や漱石への強い思いによるのか、子規は部屋に突然あらわれ、漱石に背中を向けて椅子に座り、舞台は動きはじめます。

二人の位置と視線の向きは特殊で、哲学的でさえあります。漱石は観客席から見て舞台の右奥に固定され、ひじを机上に載せて椅子に座っており、視線はだいたい前方の観客席や子規の方を向き、机の上に視線を落とし何かを読むこともあります。子規は、漱石とは対角線の位置にある舞台の左前方で背筋を伸ばして椅子に座り、左側から振り返るように漱石を見ることもあるのですが、基本的には視線を観客席の方に向けています。だから、漱石が子規を見ても視線はせいぜい横顔までしか届かないことがほとんどで、二人の視線が交わることは少ないのです。この特殊な設定から、コミュニケーションをめぐる問題が『手紙』の重要なテーマとなっていることが理解できるでしょう。

対角線上の位置で、視線も交わらない状況が続くと、何も置かれず、何も描かれていない二人のあいだの空間に、観客は〈日本とイギリスを物理的に隔てる大きな海〉、〈生者の此岸と死者の彼岸とのあいだに横たわる川〉、〈親友同士の心の隔てとなる壁〉などを想像します。こうして、二人は〈親友〉から分離した〈個〉にほどかれていくのです。

長く病床に臥している三十代半ばの男性である子規を、女優井上みなみが若干中性的な雰囲気は出しながらも、女性性を排除せず、若々しく快活に演じたことの意味は何でしょう。観客は彼女の無垢で強い視線を正面から受けとめ、漱石の言葉を聴く時の彼女の生き生きとした表情の変化もつぶさに見ることができます。観客の目には「漱石アンドロイドが漱石になる」瞬間があるのですが、それは「漱石（アンドロイド）の言葉を受けとめる彼女の表情が生き生きとしているのだから、言葉を発する漱石（アンドロイド）も生き生きとした人間的な存在なのだろう」という類推に依拠していると考えられます。観客はいつのまにか逆説的な設定を受け容れているのですが、そこには〈子規とはみずからの生を生き尽くそうとする無垢でポジティブな存在を意味し、男か女か、三十代か二十代か、病気か健康か、人間かアンドロイドかなどの規準とは無関係なのだ〉という認識がすでに形成されてもいます。井上みなみが演じたのは子規の本質であり、彼女の演技は子規と漱石ふたりに命を吹き込み、そして、存在の根源を見つめるように観客をうながすのです。

次に、演劇タイトルになっている手紙の問題を検討します。演劇では九つの手紙（漱石・漱石・子規・漱石・子規・漱石・漱石・子規・漱石の順）が書いた本人によって読まれるという、これもまた特殊な設定になっています。全集で調べてみると、漱石が子規宛てに書いた手紙に出てくる話題が、鏡子夫人や他の友人宛ての手紙にも同じく出てくることが少なくないことがわかります。漱石自身、正確に誰宛てのどの手紙で何を伝えたのかを正確に憶えているのは難しかったでしょう。自分が出した手紙に対する漱石の記憶の曖昧さを子規が指摘する場面が何度も出てくるのは、平田オリザがこうしたことを知っているからですが、誤配や不着は手紙というメディアの特性でもあります。平田は手紙自体の

井上みなみ（左）の位置が観客を関係をめぐる思考に導く

特性と、漱石が書いた手紙の特徴の両方を知って台本を書いたといえますが、誤配や不着が強調されているところからも、コミュニケーションをめぐる問題設定がみえてきます。

『わかりあえないことから　コミュニケーション能力とは何か』（講談社現代新書）を書いた平田オリザにとっては、交わらない視線や届かない手紙に肯定的な含意があるのは確かです。視線がつねに交わらなくとも人の関係は続き、手紙がつねに届かなくとも友情は続きます。平田オリザは「偉人アンドロイド基本原則」の前提となる「一般人間基本原則」と呼ぶべきものの確認をしようとしたのではないでしょうか。『手紙』がわたしたちに教えるのは、アンドロイドと人間との関係を築こうとする前に、人間と人間との関係の困難さを真に理解するべきだということであり、これを真に知った者だけが、アンドロイドの基本原則を考える資格を得られるということです。

（執筆者プロフィール、五十音順）

石黒　浩（いしぐろ　ひろし）

知能ロボット学者、大阪大学教授・ATR石黒浩特別研究所客員所長。1991年大阪大学大学院基礎工学研究科博士課程修了。その後、京都大学、カリフォルニア大学、大阪大学工学研究科などを経て2009年より現職。2010年よりATRフェロー。専門はロボット工学、視覚情報処理、アンドロイドサイエンス。主な著書に「ロボットとは何か」（講談社現代新書）、「どうすれば「人」を創れるか」（新潮社）、「アンドロイドは人間になれるか」（文春新書）などがある。

小川　浩平（おがわ　こうへい）

大阪大学基礎工学研究科講師。システム情報科学博士。2008年よりATR知能ロボティクス研究所にて、ヒューマンロボットインタラクションに関する研究に従事。ロボットを用いた対話研究に一貫して興味をもち、フィールド実験を通じたロボットの実用化技術に関して多数の研究を発表している。著書に小川浩平、小野哲雄「憑依するエージェント - ITACOプロジェクトの展開」（『人とロボットの＜間＞をデザインする』所　収、2007年　）、Kohei Ogawa, Hiroshi Ishiguro, Android Robots as In-between Beings, Robots and Art, Springer,2016など。

改田　明子（かいだ　あきこ）

二松学舎大学教授。専門は、認知心理学と学生相談。最近は、重い障がいのある人との関わりや緩和ケアにおけるコミュニケーションを研究テーマとして、実践の現場から学んでいる。主な論文は、「カテゴリー群化における典型性効果」「母親の語りからみた重い障がいのある子どもとのコミュニケーション」『緩和ケアのコミュニケーション』（翻訳）など。

小山　虎（こやま　とら）

1973年京都生まれ。大阪大学大学院人間科学研究科博士課程修了。専門は分析哲学、応用哲学、ロボット哲学。慶應義塾大学、米国ラトガース大学を経て、2010年から大阪大学大学院基礎工学研究科石黒研究室にてロボット哲学の研究に従事。現在、山口大学時間学研究所講師。編書に『信頼を考える：リヴァイアサンから人工知能まで』（勁草書房）、訳書に『形而上学レッスン』（アール・コニー、セオドア・サイダー著、春秋社）など。

島田　泰子（しまだ　やすこ）

1967年生まれ。二松学舎大学教授。日本語学。日本語の通時的変遷を主に扱いつつ、近年は地図地形地名学方面と日本語史研究のコラボも手掛ける。歴史的変化の最先端に当たる今日的な日本語の動向に関する論考も多い。「広告表現等における〈終止形準体法〉について」（『叙説』40）、「語彙研究の総体とその外延」（『文学・語学』211）、「副詞〈なんなら〉の新用法　－なんなら論文一本書けるくらい違う－」（『二松学舎大学論集』61）等。

高橋　英之（たかはし　ひでゆき）

大阪大学大学院基礎工学研究科特任講師。専門はヒューマンエージェントインタラクション、ヒューマンロボットインタラクションの認知科学、神経科学的研究。HAI2010 Outstanding Research Award 最優秀、2014年度日本認知科学会第2回野島久雄賞、2018年度情報処理学会山下記念研究賞など受賞。最近の論文にTakahashi, H. , et al. Huggable communication medium maintains level of trust during conversation game., Frontiers in Psychology, 8, 2017,1862.、Takahashi, H. , et al. Different impressions of other agents obtained through social interaction uniquely modulate dorsal and ventral pathway activities in the social human brain., Cortex, 58, 2014/09, 289-300. がある。

瀧田　浩（たきた　ひろし）

1964年生まれ。二松学舎大学教授。武者小路実篤などによる『白樺』派の文学を中心に研究を進めるが、最近はロックバンドはっぴいえんどなど高度経済成長期の文化研究もおこなっている。最近の論文に、「六〇年代詩と七〇年前後のポップスの状況―渡辺武信と松本隆を中心に―」（『敍説』Ⅲ期9号、2013年3月）、「武者小路実篤と昭和九年―『維摩経』が書かれた「仏教復興」期をめぐって―」（『二松学舎大学 人文論叢』101輯、2018年10月）等がある。

谷島　貫太（たにしま　かんた）

1980年生まれ。東京大学大学院情報学環、東京大学総合図書館特任研究員を経て、現在二松学舎大学専任講師。専門は技術哲学、メディア論。最近の仕事に「ベルナール・スティグレールの『心権力』の概念」（『理論で読むメディア文化』所収）、「バーチャルYouTuberとコミュニケーション・データベース」（『ユリイカ』2018年7月号）、『記録と記憶のメディア論』（編著）など。

夏目　房之介（なつめ　ふさのすけ）

1950年東京生。青山学院大学卒。出版社勤務後、マンガ、エッセイ、マンガ評論などを手がける。著書「マンガはなぜ面白いのか」「マンガの深読み、大人読み」「マンガに人生を学んで何が悪い」「漱石の孫」「孫が読む漱石」など多数。NHK衛星「BSマンガ夜話」レギュラー。99年、マンガ批評への貢献により手塚治虫文化賞特別賞。2008年より学習院大学身体表象文化学専攻、大学院教授。

西畑　一哉（にしはた　かずや）

1956年生まれ。1979年大阪大学法学部法学科卒。日本銀行、預金保険機構を経て、現在二松学舎大学常任理事。専攻分野：金融論、プルーデンス論　主著：「平成金融危機への対応」（共著、金融財政事情研究会、2007年）、「平成金融危機における責任追及の心理と真理」（信州大学経済学論集　2012年）。漱石アンドロイドの発案者。

平田　オリザ（ひらた　おりざ）

1962年東京都生まれ。劇作家、演出家。劇団「青年団」主宰。こまばアゴラ劇場芸術総監督、城崎国際アートセンター芸術監督。大阪大学COデザインセンター特任教授、東京藝術大学COI研究推進機構特任教授、兵庫県立専門職大学（2021年開学予定）学長就任予定。著書に『わかりあえないことから』『演劇入門』（いずれも講談社現代新書）ほか。

福井　健策（ふくい　けんさく）

弁護士（日本・ニューヨーク州）／日本大学芸術学部・神戸大学大学院　客員教授
1991年 東京大学法学部卒。米国コロンビア大学法学修士。現在、骨董通り法律事務所 代表パートナー。「著作権の世紀」「誰が『知』を独占するのか」（集英社新書）、「『ネットの自由』vs.著作権」（光文社新書）、「18歳の著作権入門」（ちくまプリマー新書）、「AIがつなげる社会」（弘文堂）ほか。国会図書館審議会会長代理、内閣知財本部など委員を務める。
http://www.kottolaw.com　Twitter：@fukuikensaku

山口　直孝（やまぐち　ただよし）

1962年生まれ。二松学舎大学教授。関西学院大学大学院文学研究科博士課程後期課程単位取得済退学。博士（文学）。専門は、日本の近代小説。主要業績に『私を語る小説の誕生ーー近松秋江・志賀直哉の出発期』（単著、翰林書房）、『横溝正史研究』（共編著、既刊6冊、戎光祥出版）、『大西巨人ーー文学と革命』（編著、翰林書房）など。

アンドロイド基本原則
誰が漱石を甦らせる権利をもつのか？

NDC548.3

2019年1月28日　初版1刷発行　　定価はカバーに表示されております。

©編　者　漱石アンドロイド共同研究プロジェクト
発行者　井水治博
発行所　日刊工業新聞社

〒103-8548　東京都中央区日本橋小網町14-1
電話　書籍編集部　03-5644-7490
　　　販売・管理部　03-5644-7410
　　　FAX　03-5644-7400
振替口座　00190-2-186076
URL　http://pub.nikkan.co.jp/
email　info@media.nikkan.co.jp

印刷・製本　新日本印刷

落丁・乱丁本はお取り替えいたします。　2019　Printed in Japan

ISBN 978-4-526-07927-6